一點心意、一點新意，
讓生活從此不再平凡！

一點心意、一點新意，
讓生活從此不再平凡！

家的幸福味道

60道 不麻煩、健康又省錢的**家常菜**好滋味，
即使一個人也能在家好好吃頓飯

速、易、省

5-8步驟簡單上手，隨時滿足你念想的家常味！

前言Preface

當廚房開火了，家就有溫度了！用菜餚的香氣滿足你的身心靈

　　當下廚已經不光是為填飽肚子，連心理醫師都建議可以用它來舒壓、幫助情緒改善、增進人際關係……有更多的功能性時，現代的時下男女，不論單身已婚，一定或多或少都要具備些料理的能力，不僅能更添個人魅力，也隨時能自我療癒，下廚衍然已經變成一股勢在必行的風潮了。

　　對還沒有下過廚的人或是不愛煮的人，大都是因高難度的料理技巧而心生卻步，或是覺得麻煩而意興闌珊，但其實料理也可以很簡單，只要你願意跨出一步，開始接觸，先學會最簡單的家常菜料理，照著步驟做，你也能零失誤的好吃上菜，有自信的輕鬆下廚，拿起鍋鏟。

　　尤其外食久了真的是花錢又可能不健康，所以，回家開飯吧！用這本簡單、好上手、省錢、健康，料理善後又很輕鬆的食譜書，讓不論是自己一個人或一家子人，都能隨時在家開伙，好好吃飯吧！

　　一桌看似普通的家常菜，難道不能再變化出什麼新意了嗎？本

書中，凌介介將通過貼心的60道家常菜的創意做法，輕鬆教會你在不同的聚會場合烹飪出一桌「叫好又叫座」的家常菜，即使第一次拿鍋鏟也能輕鬆上手。

凌介介最厲害的一點就是，她很擅長將菜式的介紹、食材的挑選結合自己的做菜經驗，把一道道美味的特色料理，變成了一篇篇語帶清新、精彩滿點的多樣化食譜，讓從不下廚的人也勾起了料理慾望，這是她之所以在網路上造成美食旋風一個很大的原因。

那麼，為什麼家常菜以「貼心」形容呢？因為這本食譜書不同於坊間一般以蒸、煮、炒、炸的料理方式分類，而是以用餐當下的人數、目的來做新穎的區別，一個人也可以自在的好好吃飯；兩人世界的料理可以簡約輕便；家有老小的餐桌要注重營養健康；飲酒小酌的配角需要既開胃又有亮點等等，跟著學、照著做，假以時日絕對可以讓你的廚藝成為每個場合的焦點。

這些菜餚有的大氣大度，有的則有其小家碧玉的可愛，簡單的分類方式，再也不會讓你滿桌的豐富菜色在不對的人數或場合之下乏人問津。這裡套句凌介介常掛在嘴邊的料理信念：「既是家常，既是做給自己吃，那就隨自己的喜好大膽的來運用食材，打造專屬自己的幸福美好食光吧！」

目錄 Contents

Part 1

一個人的自在
愜意時光，優雅獨食

暖心小知識！
營養價值高的
根莖類蔬菜，
榮登料理的最佳配角！

暖心小知識！
異國風味的
醬料&香料，
用特殊香氣打動你的味蕾！

Part2

兩個人的親密
小小心思，製造浪漫

\Part3/
三個人的溫暖
親子樂趣，從不一樣的營養餐點開始

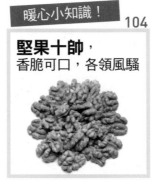

茄汁黃豆燴魚柳 122

京蔥香燉雞 124

奶香絞肉焗花椰菜 126

鮮爆雙魷 128

紅蘿蔔腐乳肉 130

沙茶雪白菇燴雞丁 132

五香青花魚 134

\Part4/
好友閨蜜的契伴
小菜＋小酌，就是人生一大樂事！

Part 1
一個人的自在
恢意時光，優雅獨食

Being comfortable alone

其實有些事情並不是非要很多人一起做不可，例如「吃飯」這件事。

尤其，當忙碌了一整天，下班回家累了，一句話也不想說、也不想應酬誰，只想放空腦子、沉澱心靈，用美食慰勞自己，做為一整天的 Happy ending。

下廚開飯吧！一個人的創意簡單料理，不論是野菜義大利麵、番茄雞丁通心粉、泡菜培根炒年糕……都能讓獨食時光更有味，享受一個人在家好好吃飯的輕鬆與自在。

彩椒牛肉焗飯

　　中菜西做、中西結合,是烹飪裡常見的跳躍式風味搭配。愛做創意料理的我非常喜歡這種搭配方式,明明吃著中餐,卻用西式調味料;明明吃的是西餐,卻用中式的料理方法,各種搭配呈現出了新派吃法,美味卻不突兀。

　　彩椒牛肉焗飯,在厚厚的西式莫札瑞拉起司下覆蓋的是彩椒牛肉蛋炒飯,這一中一西的結合,滋味豐富,多彩多姿,蔬菜纖維、蛋白質、脂肪、碳水化合物,應有盡有。一份簡單的焗飯,給生活帶來一份簡便與快捷,重點是好看又好吃喔!

中式焗飯的跳躍式美味！

材料：

◆ 牛肉280克　　◆ 青椒50克　　◆ 紅椒50克　　◆ 奶油50克
◆ 米飯300克　　◆ 起司絲200克　◆ 鹽少許　　　◆ 生抽醬油5克
◆ 雞蛋2個　　　◆ 水10毫升　　　◆ 黑胡椒粒適量　◆ 糖少許

準備：

1. 青椒、紅椒分開洗淨，去籽切小塊備用。
2. 2個雞蛋加10毫升水和適量鹽打散攪勻備用（加了水的蛋炒出來特別嫩）。
3. 起司刨成絲備用，或買現成的焗飯用起司絲也可以。

製作過程：

1 炒鍋中倒入適量油燒熱，將雞蛋炒熟盛出。（圖1）

2 鍋中加入的奶油融化，倒入牛肉末炒出香味，加適量黑胡椒粒提味。

3 倒入米飯和牛肉翻炒。之後加入青紅椒塊、雞蛋一同炒勻。

4 加入適量生抽醬油加深顏色。（醬油量可根據自己的喜好加減，圖2）

5 加入適量鹽、糖、黑胡椒粒翻炒調味。

6 預熱烤箱至200度C。

7 牛肉炒飯盛入耐高溫的焗碗中，表面鋪上起司絲，放入烤箱烘烤到起司在米飯表面融化即可。

8 把焗飯從烤箱中取出，器皿很燙要小心。（圖3）

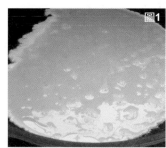

圖1

圖2

圖3

麥小小說：

◆ 由於米飯是在炒熟後才放進烤箱烘烤的，因此烘烤的時間只需把蓋在表面的起司絲融化即可。

◆ 入烤箱烤過之後，碗會很燙，切記一定要戴隔熱手套才可以把它從烤箱內取出。

蔥油鹽拌馬鈴薯

　　馬鈴薯是一種對身體非常有益的食材，澱粉含量高，易飽足，卻不會像米飯麵食那種碳水化合物會讓人發胖。所以很多愛美的女性都知道，要減肥，選馬鈴薯當主食就對了。不過，單純吃馬鈴薯可能沒什麼滋味，那就加一些美味的佐料吧！簡單、美味、清爽的蔥油鹽拌馬鈴薯，不僅美味，還能讓你吃到原味的馬鈴薯香。

原味馬鈴薯也可以香氣撲鼻！

材料：

◆ 馬鈴薯2個（約340克）　　◆ 小紅蔥頭3顆　◆ 蔥2根
　　　　　　　　　　　　　　　◆ 鹽適量　　　◆ 麻油適量

準備：

1. 馬鈴薯洗淨去皮，切成塊狀。
2. 蔥洗淨切蔥花備用。
3. 紅蔥頭剝去外皮，切成片。

製作過程：

❶ 鍋中倒入比紅蔥頭片多的油燒熱，倒入紅蔥頭片爆香成金黃色後，迅速關火降溫備用。（圖1）
❷ 燒一鍋水，加2克鹽，放入切好的馬鈴薯煮熟，撈出瀝乾後盛盤。（圖2）
❸ 取一乾淨大碗，將馬鈴薯、紅蔥頭酥、蔥花、適量鹽、麻油和紅蔥油等放在一起拌勻即可。（圖3）

凌尔尔說：

◆ 馬鈴薯切好後，如果不馬上進行烹調，請取一碗清水或淡鹽水浸泡，以防氧化變黑。
◆ 炸蔥油的關鍵是油的溫度，油溫請勿太高，否則極易炸焦，並且一定要在蔥頭變成金黃色時立即關火。

圖1

圖2

圖3

韭菜蝦皮小煎餅

這是一款非常好吃又容易做的小煎餅。加入韭菜、蝦皮和雞蛋，以及富有營養的紅蘿蔔，5分鐘就可以把所有食材處理完畢。將所有的東西一起攪拌成糊，用湯匙撈適量麵糊放鍋裡煎一煎就可以吃了，美味又營養。建議各位不妨試一試，吃飽、吃好才有力氣應付一整天的工作喔！

超級營養的小煎餅！

 材料：

◆ 韭菜80克　　　◆ 紅蘿蔔45克　　◆ 雞蛋2個　　　◆ 麵粉100克

◆ 水30毫升　　　◆ 咖哩粉1克　　　◆ 蝦皮適量　　　◆ 鹽、雞精粉各適量

🕐 準備：

1. 韭菜洗淨，去掉頭尾兩端，把剩下的部分切成長度 0.5公分左右的小段。
2. 紅蘿蔔洗淨去皮，切成紅蘿蔔丁。

🥄 製作過程：

❶ 拿一深盆，把準備好的韭菜段、紅蘿蔔丁、蝦皮、雞蛋、鹽、雞精粉、咖哩粉都裝進盆中攪拌均勻。（圖1）

❷ 倒入麵粉繼續攪拌均勻，此時麵糊可能比較稠。

❸ 倒入適量水（30毫升左右），調整麵糊稠度。（圖2）

❹ 煎鍋中放油，燒至微熱，依個人喜好選用大或小的湯匙，將麵糊放入鍋中煎。

❺ 全程開中小火，一面煎好後再翻另一面，直到兩面都煎至表皮呈金黃色。（圖3）

❻ 裝盤。

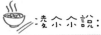 🍲 麥小小說：

蝦皮本身就帶有鹹味，所以做此道煎餅時調味要斟酌。若本身喜歡的口味較清淡，甚至就可以不加任何調味料。

蛋奶素義大利麵

義大利麵，醬汁濃稠，麵條Q彈，是全世界都推崇的美食。其中海鮮義大利麵、番茄肉醬義大利麵、奶油培根義大利麵等，都是大家常見的口味。但我身邊有一些朋友是素食者，面對這些明顯「沾著葷腥」的菜單總是有些卻步。某天和一位吃蛋奶素的姐姐聊天，忽然對她的素食飲食很感興趣，想想義大利麵為何不可以「素」起來？於是當天中午就在家做出了這道麵食，味道還很不錯喔！

義大利麵也能是素的喔！

材料：

- ◆ 秀珍菇160克
- ◆ 櫛瓜200克
- ◆ 雞蛋2個
- ◆ 義大利麵100克
- ◆ 鮮奶油100克
- ◆ 牛奶200克
- ◆ 沙拉油10克
- ◆ 鹽、黑胡椒各適量

準備：

1. 櫛瓜洗淨切片。

2. 麵條放進滾水中，加入10克沙拉油和1克鹽，煮到麵身變軟，取一條掐斷，麵芯中間要留一點白色麵芯（不完全煮透，較有彈性），約八分熟狀態。

3. 將麵條用撈網撈出並瀝乾水，放入冰水中浸泡2分鐘。

4. 用水洗淨秀珍菇，放入煮麵的鍋中燙熟，撈出瀝乾水備用

製作過程：

1 鍋中放入適量沙拉油，加入櫛瓜和秀珍菇翻炒，之後加適量水讓其悶煮1分鐘左右。（圖1）

2 加入100克鮮奶油和200克牛奶煮至稍微沸騰後關火。

3 慢慢加入2個打散的雞蛋，一邊倒一邊攪拌，直至所有的雞蛋全加完，液體也都要混合均勻。

4 加入義大利麵條，並將其跟所有原料拌勻。再次開火，待鍋內液體稍為沸騰時即可關火。（圖2）

5 加入適量鹽、黑胡椒調味。

6 盛盤裝出。（圖3）

凌介介說：

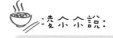

「素食」其實還有區別，大致可分為以下幾種：

◆ 全素：只食用純植物性食物。

◆ 蛋素：除了食用植物性食品外，還可以食用蛋類。

◆ 奶素：除了食用植物性食品外，還可以食用乳製品。

◆ 蛋奶素：可以食用乳製品、蛋製品及植物性食品。

◆ 佛教素：可能是純素、蛋素、奶素或蛋奶素者，但要另外避開洋蔥、蒜頭、韭菜等辛香料。

另外，若是想嘗試其他不同義大利麵的口感或是想將櫛瓜、秀珍菇換成其他品種，都可以依書上的食材說明，依照自己喜歡的味道做做看，調製出屬於自己的私房菜喔。

圖1

圖2

圖3

各式各樣的**義大利麵條**

　　講到西方美食，一定少不了義大利麵！的確，對偏愛麵食的人來說，有什麼比一盤熱氣蒸騰、香味四溢的義大利麵更誘人？肚子餓了，只要一把十元硬幣大小的義大利麵，大約一個人的分量，放入滾水裡加鹽煮熟後，再依個人口味喜好分別拌入紅、白、青醬等，即能呈現義大利麵的經典風味。

　　義大利麵的義大利文是 "Pasta" 意思是「麵泥」或「麵團」，因有很多種不同的形狀，而廣受大眾喜愛。接下來，就讓我們進入義大利麵多變的世界裡吧！

螺旋麵

　　螺旋麵的造型非常有趣，很像我們所熟悉的零食—可樂果，當然，口感完全不同，螺旋麵的口感是有層次的，一開始咬下去軟軟的，接著又會感受到彈牙的感覺，深受小朋友的喜愛。螺旋麵的表面凹凸不平，雖然不利於吸附醬汁，但是有凹槽可以夾帶切得細小的蔬菜配料、肉末，與番茄紅醬、奶油起士白醬都是絕配，熬煮義大利麵的醬汁時，味道濃郁、帶點黏稠感的醬汁最適合，讓每一口都能大大滿足。🕐建議烹煮時間：8～10分鐘。

千層麵

　　千層麵的外型，就像是一張張寬如手帕的大麵皮一樣，跟大部份的義大利麵很不一樣。通常製作千層麵時，是將一張張的麵皮堆疊起來，在內層裡夾上不同的乳酪及肉醬（素食者可以放菠菜），再放進烤箱焗製調味而成。在製作千層麵時，到底麵皮要不要先煮過？每個人的習慣不同。若是直接進烤箱，醬料又少的話，麵皮很容易乾，也會有麵粉的味道；但若是將麵皮用滾水煮5分鐘左右，再進烤箱30分鐘的焗烤千層麵，麵皮比較軟，口感也比較好；最好的方法就是，將麵皮直接與醬料進烤箱烤30分鐘，這樣的千層麵皮比較有嚼勁、味道香濃，也不會有粉味。🕐建議烹煮時間：30分鐘。

筆管麵

筆管麵的麵體是空心的，表面帶紋路，兩端是削尖的斜口設計，又稱斜管麵。麵條紮實、Q彈耐嚼，紋路讓麵體容易吸附醬汁，兩端的斜口讓醬汁更容易進入麵條中間的空心部分，從裡到外都能完整包覆醬汁，讓咬下去的瞬間會有豐富的醬汁從空心處流出，每一口都是驚喜。筆管麵適合搭配各種風味的醬汁，無論是傳統的青醬、白醬、紅醬，或是異國風味的醬汁都能與筆管麵完美結合，擦撞出意猶未盡的好味道。🕐 建議烹煮時間：8～10分鐘。

蝴蝶麵

蝴蝶麵的外觀非常別緻，如同美麗的蝴蝶結一般，可以在大型賣場或是某些百貨公司內的高級生鮮超市買到。其最特別之處，就是可以同時吃到2種不同的口感，中間抓皺摺處的麵體較厚實、有嚼勁，而旁邊兩側的麵體則較薄、口感偏軟。蝴蝶麵適用度很廣，涼拌麵、焗麵或湯品都能料理，無論是酸酸甜甜的番茄醬或是奶香濃郁的醬汁都與蝴蝶麵非常合拍。值得注意的是，蝴蝶麵很容易煮到熟透過軟，掌握好火候及起鍋時間非常重要。🕐 建議烹煮時間：9分鐘。

通心粉

通心粉又稱彎管麵，顧名思義，其形狀呈管狀彎曲，麵條中間為空心，開口可吸附醬汁，很適合搭配紅醬與白醬，常見於涼拌蔬果沙拉、湯品或焗麵等料理中。由於其中空的構造，口感較軟Q，小巧易入口，加上造型可愛，深受許多小朋友喜愛，因此許多餐廳的兒童餐亦常見通心粉的蹤跡。🕐 建議烹煮時間：6～8分鐘。

直麵

直麵是傳統義大利麵的原形，同時也是最普遍、最受歡迎的經典義大利麵，斷面呈圓形，麵條富嚼勁、十分Q彈。直麵使用範圍廣，適合各種烹調方式，番茄紅醬、羅勒青醬、奶油白醬、橄欖油清炒都非常對味。🕐 建議烹煮時間：8～10分鐘。

寬帶麵

　　此種麵條呈現直條狀，通常又寬又扁，有一點點的厚度，看起來就像一條絲帶一般。口感紮實有嚼勁，與濃郁的醬汁非常速配，非常適合以奶油白醬、羅勒青醬或橄欖油清炒的方式料理。這一類麵條料理時要特別注意，一開始下鍋後要經常去攪拌它，不然很容易黏成一大團；這樣不但不容易熟，口感也不佳。🕐建議烹煮時間：**10分鐘**。

米粒麵

　　故名思義，其形似粗大米粒。米粒麵是源自於義大利北部的傳統麵食，原料是杜蘭小麥粉，其口感與米飯極為類似，卻沒有米飯的香氣和黏性，但Q彈有嚼勁，非常彈牙。一般用在做沙拉、湯以及主食上，由於體積小，所以用乾炒或做燉飯口感較佳。而愛吃米粒麵的人，就因其特色在如果湯汁調得夠好，待慢慢把湯汁吸收進去後，可隨各人喜好來決定米粒的軟硬度，可以煮得像西班牙海鮮飯一樣中心稍微有點硬硬的口感，也可以煮得像我們一般吃的米，只是會稍微滑順一點，相當特別。米粒麵不是很常見，要在百貨公司附設的超市（或網購）比較容易買到。🕐建議烹煮時間：**12分鐘**。

貝殼麵

　　貝殼麵也是深受小朋友喜愛的造型麵體，貝殼的開口可吸附醬汁，口感厚實軟Q，也很適合焗烤，通常做為搭配主食的配菜居多。適合醬料：紅醬、白醬，個頭小所以最常與其他食材一起搭配煮成湯品，不過用在涼爽清淡醬汁的沙拉類，也是相當速配。🕐建議烹煮時間：**8～10分鐘**。

天使細麵

　　天使細麵的英文名稱為Angel's hair，意指纖細如天使的髮絲一般，是極細的長身麵條，其粗細與我們所熟悉的麵線有點類似，口感在義大利麵中偏軟、十分滑順，嚼起來不費力極易消化。由於此種麵條很細，容易吸附醬汁，所以搭配的醬汁建議盡量清淡，且不要太濃稠，不然品嚐時很容易膩味，搭配新鮮的番茄醬汁或是橄欖油清炒都是不錯的選擇。烹煮時間不宜過久。🕐建議烹煮時間：**3～5分鐘**。

暖心小知識
菇菇世界營養豐富，
一字排開好壯觀

　　菇類營養價值很高，且高纖、低熱量、低脂肪、低糖份，加上不受颱風影響價格波動小，品種、口味又非常多元，因此時常出現在我們的餐桌上，不論大人、小孩接受度都很高。值得注意的是，大部分的菇類含普林值，某些慢性病患者不適宜食用過多！其實，再好的食物，食用過量都會危害身體健康，飲食均衡方能為身體的健康把關。市售常見的菇類有哪些呢？

香菇

　　香菇肉質厚實，香氣濃郁，無論是吃起來Q彈清新的新鮮香菇或是便於保存、紮實有嚼勁、味道多層次的乾香菇，在中式料理如香菇雞湯、香菇鑲肉、炸香菇、烤香菇……都隨處可見，就連在餐廳點炒高麗菜都常見香菇蹤影，可見國人對香菇之喜愛。乾香菇使用前記得先洗淨泡水，香菇泡開後，水記得別丟棄，用來炒菜、煮湯更添風味。

鴻喜菇

　　您擔心體內毒素過多嗎？那就試試用鴻喜菇來排毒吧！鴻喜菇含有「大量水溶性纖維」，能夠將有害物質排出體外。鴻喜菇的菌傘濕潤，會有稍微的黏滑感，煮後口感滑潤，又因菌柄有時會帶有清淡的苦味，所以又稱為靈芝菇，除了有傳統淺灰褐色的品種外，亦常見白色的鴻喜菇，也稱「美白菇」。可用來煮湯、煮火鍋，或是和綠花椰、高麗菜等食蔬一起清炒也很合適！另外，將鴻喜菇和米飯一起烹調，加入適量的鹽、醬油、黑糊椒，就能簡單的做成鴻喜菇飯，健康護肝又美味。

秀珍菇

秀珍菇原產於印度，台灣引進後以太空包栽培技術種植，大幅提昇產量，且一年四季皆吃得到，一般呈淡淡的褐色。秀珍菇味道鮮美，營養豐富，蛋白質含量高，口感滑嫩、肉質爽脆，適合與肉類食材搭配，無論是清炒或是煮湯都非常美味，特別要注意的是，其菇體較小易腐壞，建議採購後盡快食用完畢。

草菇

草菇的口感細嫩滑順、味道清淡可口，因生長在稻草上而得名。因其容易出水導致腐敗，菇農考量其保存期限及便利性，還有食用時的風味，故市售草菇多以罐頭為主；市場偶爾也能買到新鮮草菇，保存時記得注意通風透氣並儘早食用，不宜放置太多天。料理草菇時須特別注意，由於其蛋白質含量高，務必煮熟再食用，不然容易引起腹瀉。

猴頭菇

猴頭菇多汁軟嫩、香氣濃厚，具藥用價值，與熊掌、燕窩、海參並列中國古代四大名食材之一。其口感厚實像肉類，卻不會有肉食烹煮過久會柴掉的缺點，素食料理便常以猴頭菇代替雞肉。寒冷的冬天若想要進補兼暖身，熱呼呼的麻油猴頭菇就是很不錯的選擇。若買到的猴頭菇屬乾貨，記得先泡水，並定時換水，較不易產生苦味。

杏鮑菇

杏鮑菇低脂、低熱量，營養價值高、膳食纖維高，對於降血脂、降膽固醇都有不錯的成效，是在台灣非常受歡迎的一種菇類。肉質肥厚紮實、帶一點點淡淡的杏仁香氣，口感近似鮑魚，咬起來Q彈脆嫩，煎煮炒炸都非常適合。

金針菇

　　金針菇屬於木棲腐生野菇的一種，主要生長於春天、秋天與冬天，世界各地皆有其蹤跡。市面上白色金針菇居多，肉質軟嫩、味道清香鮮美，建議烹煮時間不要過長，容易影響口感，常見於火鍋、滷味、涼拌菜之中。

蘑菇（洋菇）

　　蘑菇又稱洋菇，自古便是歐洲人的重要食材，為其植物性蛋白質的主要來源之一，是目前世界上栽種量及食用量最大的菇種。蘑菇口感Q彈，咬下去還會噴汁，非常美味，常見於義式料理當中，番茄蘑菇義大利麵、玉米蘑菇濃湯、涼拌蘑菇、蘑菇醬鐵板麵……都是生活中常品嚐到的調理方式。

珊瑚菇

　　珊瑚菇因其外觀而得名，其菇傘表面光滑呈黃色，下方菇體叢生，看起來如同珊瑚一般，目前在台灣多以太空包種植，一年四季可食。其味道淡雅爽口、口感較脆，適合炒、燴、炸、蒸……等各種料理方式，常見的料理方式為鹽酥菇、湯品或炒肉絲。

柳松菇

　　柳松菇因含多種維生素、豐富礦物質，同時能提供人體不能自製的八種必需氨基酸，所以在歐洲和東南亞地區是最受大眾喜歡，營養豐富的食用菇之一。柳松菇其味鮮美、口感脆，又久炒不爛，是標準的高纖菇，可刺激腸胃蠕動消除便秘，可和多種菇類做涼拌綜合菇，或用醬油與些許沙茶醬加韭菜、蔥段清炒。

泰式甜辣肉末茄子

　　不走尋常路線的口味搭配往往有兩種結果：要嘛試驗成功，可以讓人陶醉在創新美味中；要嘛實驗失敗，只能默默倒掉盤中物。但是在飲食口味的搭配中，我仍喜歡不斷地試驗以求達到完美。

　　泰式甜辣醬一直是我家廚房的必備用品之一。它的口味甜、酸、微辣，在泰國吃炸雞塊時經常被拿來當作沾醬。我也非常喜歡拿它沾一些別的食物，但它的吃法絕對不止如此，用這種泰式甜辣醬做菜也是相當好吃的喔！

顛覆普通的家常味！

材料：

- ◆ 茄子450克
- ◆ 豬絞肉200克
- ◆ 紅辣椒200克
- ◆ 蔥30克
- ◆ 泰式甜辣醬100克
- ◆ 豆瓣醬30克
- ◆ 蒜頭3瓣
- ◆ 醬油、鹽、太白粉各適量

準備：

1. 茄子洗淨切滾刀塊。
2. 紅辣椒洗淨對半切開，去籽後切段。
3. 蔥洗淨切成蔥末。
4. 蒜頭切成蒜末。

製作過程：

❶ 鍋中倒入稍微多一點油燒熱，在茄子塊上裹些許太白粉，入油鍋炸至泛黃變軟後即可撈出備用。

❷ 倒出多餘的油，只留些許底油爆香肉末和蒜末，直到肉末變成白色。

❸ 倒入炸好的茄子塊，並將茄子塊與肉末翻炒均勻。（圖1）

❹ 加入泰式甜辣醬、豆瓣醬、醬油等一起翻炒。

❺ 加入紅辣椒段和蔥末翻炒均勻。（圖2）

❻ 加入適量鹽調味，裝盤即可享用。（圖3）

圖1

凌小小說：

泰式甜辣醬在泰國多用來配炸雞塊食用，是泰國特產，其味偏甜，辣味並不明顯，炒茄子後相當入味，是一道非常棒的下飯菜。

圖2

圖3

創意版大餅炒雞肉

　　我素來愛吃大餅，麵粉加水加上老麵，用土窯燒製，單吃就有麵粉香，雖然有些硬，卻很有嚼勁，餅在口中咀嚼，香味就在口中流動；若懶得自己烤大餅，也可以到山東大餅的專賣店購買，偶爾也會在捷運站口附近有小攤販兜售，買現成的回來加工也可以。於是，我自作主張將這些大餅搭配炒雞肉做成沙茶口味。沙茶醬那微辣卻帶有濃郁複合香料的風味，融入炒雞塊和大餅中，給了大餅一個進階版的新吃法，讓沙茶與大餅來個激情相遇吧！

沙茶與烤餅的激情相遇！

材料：

◆ 雞肉630克　　◆ 洋蔥10克　　◆ 青椒1個　　◆ 紅椒1個　　◆ 蒜頭2瓣
◆ 沙茶醬25克　　◆ 老抽醬油12克　◆ 鹽適量　　◆ 大餅1個

準備：

1. 雞肉洗淨，剁成塊，用沸水燙過後撈出並瀝乾水備用。
2. 洋蔥剝皮後洗淨切片備用。
3. 青、紅椒分別洗淨去籽，切成塊備用。
4. 蒜頭去皮後切成蒜頭末備用。

製作過程：

❶ 鍋中倒適量炒菜用油，倒入洋蔥與蒜頭末爆香。
❷ 倒入瀝乾水的雞塊翻炒約1分鐘。
❸ 倒入醬油炒勻所有材料，再加入適量水悶煮雞肉至
　　熟。（水不要太多，不然最後就成雞湯了。）
❹ 加入青紅椒翻炒均勻，再加入沙茶醬翻炒均勻。
　　（圖1）
❺ 倒入大餅塊翻炒，最後
　　加入適量鹽調味即可。
　　（圖2）
❻ 裝盤盛出。（圖3）

凌尒尒說：

◆ 沙茶醬一般質地較厚重，烹煮之前可用些許開水調和得略稀薄一些，再加入烹飪中會更加方
　　便。

◆ 醬油依提煉方式與用途可分為「老抽」跟「生抽」，老抽醬油顏色深、味道鮮甜，多用於需要
　　上色的料理，例如紅燒肉；而生抽醬油顏色淡，味道較鹹，多用於料理的調味，書中介紹過的
　　「彩椒牛肉燜飯」的生抽與我們一般常用的醬油非常相近，而老抽大家可能比較陌生，不過其
　　實一般比較大型的傳統市場、大賣場或是百貨公司內的高級生鮮超市都能找到。

蔬菜排骨粥

　　煮一鍋好粥有多難？在我看來是很簡單的一件事，只要把材料處理好，分步驟放入鍋中，再利用一些省時省力的工具，就能輕鬆做出一鍋好粥。例如本篇的蔬菜排骨粥，將為大家列出省力的步驟，就讓我們一起來挑戰半小時煮出一鍋粥吧！

省時省力好「粥」道！

材料：

- ◆ 排骨400克
- ◆ 青江菜200克
- ◆ 紅蘿蔔200克
- ◆ 白米120克
- ◆ 水適量
- ◆ 鹽適量
- ◆ 白胡椒粉適量
- ◆ 麻油適量

準備：

圖1

1. 排骨洗淨，用滾水燙熟後瀝乾備用。
2. 紅蘿蔔洗淨，去皮切塊，可以切得稍微大塊一點，因為後續要跟粥一起煮，切太小塊容易化掉。
3. 青江菜洗淨，切成小段備用。

製作過程：

圖2

❶ 取一深鍋或電鍋內鍋，放入適量白米、水、紅蘿蔔塊和排骨。煮到粥稍微變稠即可。

❷ 粥煮好後，若覺得太稠，可加些水再煮沸。（圖1）

❸ 往粥裡加入切好的青江菜，把所有食材攪拌均勻，煮沸。（圖2）

圖3

❹ 加入適量鹽、白胡椒粉、麻油等拌勻調味。

❺ 盛出即可享用。（圖3）

凌介介說：

◆ 青江菜屬於綠葉菜類，容易變爛而無法長時間熬煮，所以要最後下鍋。

◆ 要煮一鍋有料的粥，水要比平時的分量再多一些，或者少放些米。粥若太稠，可加適量水來做調整。

菠菜蛤蜊奶油濃湯

　　菠菜蛤蜊奶油濃湯，不僅製作方法簡單，視覺感強，而且味道鮮美，最主要的是，食材相當健康。將菠菜打成汁，可以將菠菜的營養做最大的保留，還給整道湯品帶來一抹艷麗的顏色。將蛤蜊湯汁融入其中，不加一粒味精都鮮美無比，搭配奶油一同烹煮，讓你在家也能製作出餐廳級的鮮美濃湯。試想這道湯在宴客時被端上桌子，一定讓你超有面子！

在家也可以製作一級棒的健康濃湯！

 材料：

- ◆ 奶油25克
- ◆ 麵粉25克
- ◆ 蛤蜊12個
- ◆ 菠菜葉65克
- ◆ 水150毫升
- ◆ 鮮奶油50克

準備：

1. 菠菜洗淨，只留葉子部分65克，跟150毫升的水一起放進果汁機裡打成菠菜汁備用。
2. 蛤蜊洗淨，放在冷水裡開火，煮到蛤蜊開口煮熟，撈去湯上的浮沫，將蛤蜊湯放置一旁備用。

製作過程：

1 奶油放入鍋中，用小火煮至融化。

2 麵粉放入鍋中翻炒，炒的速度要快，使奶油和麵粉融合。（圖1）

3 慢慢地、一點點地加入蛤蜊湯汁和菠菜汁，跟奶油麵粉一起煮。過程中要不停地攪拌，將麵粉和湯汁煮到融合，盡量無顆粒。

4 加入煮好的蛤蜊拌勻。（圖2）

5 倒入鮮奶油一起煮，最後加入適量鹽調味即可。

6 裝盤盛出。（圖3）

凌小小說：

- ◆ 此濃湯中有蛤蜊湯汁的鮮，根本不需要加味精。
- ◆ 在炒好奶油麵粉後，要慢慢加入蛤蜊湯汁和菠菜汁，且要不停攪拌，這樣才能把所有材料都攪拌均勻。

圖1

圖2

圖3

什錦燴鮮蔬

　　現代生活忙碌，請客吃飯、交際應酬已成為很多人生活的必要元素，由此造成的飲食失衡已成為危害健康的一大禍源。所以，每天的飲食裡更是要有一定的蔬菜量才行，將各色蔬菜均衡地搭配，可以確保營養的吸收。因此，在家開伙就讓自己吃點素吧！對身體有益而無害。本道什錦燴鮮蔬，就選取了5款蔬菜一起炒製，有豌豆、黑木耳、香菇、百合、紅蘿蔔，不僅營養滿點，顏色也很養眼。

養眼又養生的健康素食！

材料：

- ◆ 豌豆10根
- ◆ 黑木耳7克
- ◆ 香菇5朵
- ◆ 百合70克
- ◆ 紅蘿蔔50克
- ◆ 麵腸150克
- ◆ 醋5克
- ◆ 醬油5克
- ◆ 鹽適量
- ◆ 太白粉適量

準備：

1. 若香菇、黑木耳買的是乾貨，請提前2小時洗淨泡發。
2. 豌豆去頭尾、去絲，洗淨後切成小段備用。
3. 紅蘿蔔洗淨去皮切段備用。
4. 百合一片一片剝開，洗淨備用。
5. 麵腸洗淨，切成小片備用。

製作過程：

1. 鍋中倒入適量油燒熱，放入黑木耳翻炒。
2. 倒入紅蘿蔔翻炒，可以加入適量水悶煮一下。（圖1）
3. 加入麵腸和豌豆與上述材料一起翻炒。（圖2）
4. 加入百合翻炒。
5. 加入醋和生抽醬油，將材料翻炒上色。
6. 加入適量鹽調味，最後倒入適量太白粉水勾薄芡收汁。
7. 裝盤即可享用。（圖3）

圖1

圖2

圖3

麥小小說：

- ◆ 豌豆：營養價值高，富含維生素 A、C、B1、B2、鉀、銅、磷、鈣等，還含有容易消化且豐富的蛋白質，熱量比其他豆類低，是一種美容瘦身常見的食材。
- ◆ 百合：可以美容養顏，清熱涼血。主治肺燥、肺熱或咳嗽與心煩口渴等病症。油性皮膚的人應多吃，對皮膚保養有益。

麻醬煮肉片

　　麻醬煮肉片，這一道私房料理，是選用我自己喜歡的芝麻醬作為調味料，來烹飪一道類似水煮肉片的菜餚。許多時候，美食與是否正宗無關，最重要的是要對自己的胃口喔！

水煮肉片已經落伍了！

 材料：

麻醬煮肉片：
- ◆ 小里肌肉250克
- ◆ 紅辣椒5克
- ◆ 豆瓣醬60克
- ◆ 芝麻醬40克
- ◆ 蒜頭4瓣
- ◆ 薑4克
- ◆ 白菜、蒟蒻絲、小黃瓜等蔬菜用量請根據自身喜好而定

豬肉醃料：
- ◆ 麻油5克
- ◆ 鹽2克
- ◆ 黑胡椒粉1克
- ◆ 糖6克
- ◆ 老抽醬油3克
- ◆ 太白粉4克

準備：

1. 小里肌肉切成薄片，加入豬肉醃料醃製一夜，第二天使用前再取出，加入太白粉4克抓勻即可。
2. 各類蔬菜洗淨切成小塊備用。
3. 蒜頭去皮切片，薑切片，紅辣椒切成小段備用。

製作過程：

❶ 鍋中倒入適量油燒熱，下蒜片、薑片爆香。

❷ 倒入豆瓣醬和芝麻醬一同翻炒，至所有原料都炒均勻。（圖1）

❸ 鍋中加入水，將醬汁煮沸。

❹ 加入白菜，煮至變軟。

❺ 加入蒟蒻絲和白菜同煮，此時可以關小火。（圖2）

❻ 將事先醃入味的肉片加入鍋中翻炒。

❼ 放入小黃瓜塊同煮，等肉片熟後依個人口味取適量鹽調味。（圖3）

凌介介說：

- ◆ 此菜中加入的豆瓣醬已經很鹹，建議不要再加鹽。若仍覺得太鹹，可以加入一些白糖調整。
- ◆ 製作這道菜，選肉也是關鍵，要挑選豬肉肋排以下的里肌肉，炒出來的肉片才會滑嫩順口。
- ◆ 使用的配菜有蒟蒻絲、白菜、小黃瓜等。這裡沒有加入麻辣的花椒，而是選用些許紅辣椒；而調湯汁的佐料除了豆瓣醬還有芝麻醬，所以湯汁口感醇厚，也讓配菜更加入味好吃。

圖1

圖2

圖3

絲瓜鮮蚵粥

　　本篇介紹的絲瓜鮮蚵粥，除了主角鮮蚵外，還加入了紅蘿蔔和絲瓜等配料，使得整款粥品更加清甜爽口。這種粥我從小吃到大，小時候每逢週末，爸爸都會煮一鍋，邊看電視邊餵我吃，這是我童年很美好的回憶。

輕甜爽口的絲瓜粥！

材料：

◆ 絲瓜250克　　◆ 鮮蚵80克　　◆ 紅蘿蔔140克　　◆ 油豆腐100克
◆ 白米適量　　◆ 鹽適量　　　◆ 白胡椒粉適量

準備：

1. 鮮蚵洗淨，去掉雜質備用。
2. 紅蘿蔔洗淨去皮，切滾刀塊。
3. 油豆腐洗淨切對半。
4. 絲瓜在煮之前再去皮切片。

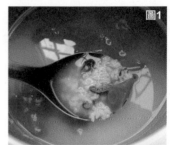
圖1

圖2

圖3

製作過程：

❶ 鍋中放入白米，加適量水與紅蘿蔔塊， 蓋上鍋蓋以大火煮開，關小火煮至軟爛。（圖1）

❷ 粥放微涼，加入鮮蚵、切好的絲瓜片和油豆腐，將所有食材煮熟。（圖2）

❸ 加入適量鹽和白胡椒調味。

❹ 盛出即可享用。（圖3）

凌介介說：

◆ 這款粥不僅鮮美還能補鈣，從鮮蚵被譽為「海中牛奶」這一點來看，其鈣質的豐富程度自然不在話下囉！

酒烹腰花

　　自己獨處時難免想要小酌一番，小酒小菜自然免不了，但前期的食譜準備無疑是個讓人頭疼的過程，若菜餚符合簡單、快速、精緻、美味這幾點要求，一定最受下廚者的喜愛。酒烹腰花就是如此，僅需將豬腰子洗淨，再炒熟後便可上桌。有人說，豬腰子有一股腥味，那是從豬腰子邊緣的白色部分散發出來的，只要在處理豬腰子時把這塊部份切除，就能有效去除這股味道。現在市場上的攤販一般都會幫忙處理，我們在下鍋前只需要把豬腰子洗乾淨就可以了。

簡單快手的下酒菜！

材料：

◆ 豬腰子2副　　◆ 紅辣椒1根　　◆ 香蔥25克　　◆ 蒜頭3瓣
◆ 薑8克　　　　◆ 高粱酒適量　　◆ 鹽適量

準備：

1. 豬腰子洗淨去掉白色部分，切花刀，切薄片。
2. 香蔥洗淨切段。
3. 薑洗淨，去皮切絲。
4. 蒜頭去皮切成末。
5. 紅辣椒切成絲。

製作過程：

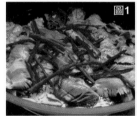
圖1

圖2

圖3

❶ 鍋中倒入適量油燒熱，倒入薑絲和蒜末爆香。

❷ 倒入切好的腰花，爆炒至八分熟狀態。

❸ 加入紅辣椒絲翻炒均勻。（圖1）

❹ 倒入適量高粱酒，迅速炒勻。

❺ 加入適量鹽調味，最後放入香蔥段再翻炒一下即可出鍋。（圖2）

❻ 裝盤即可享用。（圖3）

麥小小說：

◆ 若不會去除豬腰子內白色部分，可以請市場上的攤販幫忙切除。

◆ 若不會將豬腰子切成腰花，可以切成粗條或者用斜刀片成片。

◆ 豬腰子去除白色部分後，如果還覺得有腥味，在烹飪的時候就要加一些佐料來蓋過。高粱酒就是非常好的調味料之一，不僅可以去腥味，還能使炒好的腰花帶有一股酒香。實在很怕腥味的，還可以在炒豬腰子前，提前用酒泡2小時，如此亦能有效去腥。

雞蛋辣炒蘿蔔糕

蘿蔔糕，是由米漿、白蘿蔔、豬肉、蝦米等蒸熟製成，是中式的傳統糕點。蘿蔔糕買回家後，人們常常會切片煎煮。但本篇的雞蛋辣炒蘿蔔糕，則是在此基礎上多加了一些小步驟，就是加入雞蛋、調入甜辣醬，這樣做出來的蘿蔔糕吃法又提升一級，香辣有勁。

蘿蔔糕的新式吃法！

材料：

- ◆ 蘿蔔糕300克
- ◆ 雞蛋2個
- ◆ 辣椒油20克
- ◆ 甜辣醬15克
- ◆ 鹽適量
- ◆ 香蔥適量

準備：

1. 蘿蔔糕切成丁。
2. 雞蛋加入10毫升水打勻。
3. 香蔥切成蔥末，蔥白和蔥花部分分開放置。

製作過程：

❶ 鍋中倒入適量油燒熱，把雞蛋翻炒至熟，盛出備用。

❷ 倒入適量油燒熱，將蘿蔔糕下鍋煎至表皮變成金黃色。

❸ 待蘿蔔糕快煎好時，鍋中騰出一點空位，放蔥白煎香後，跟蘿蔔糕一起炒勻。（圖1）

❹ 倒入炒好的雞蛋翻炒。

❺ 倒入辣椒油跟甜辣醬，將食材都拌勻。

❻ 加入蔥花拌勻。（圖2）

❼ 根據自己的口味，放入適量鹽調味。

❽ 裝盤即可享用。（圖3）

凌小小說：

◆ 別忘了在炒雞蛋時加一點水，可使炒出來的雞蛋更嫩喔！

圖1

圖2

圖3

起司奶油焗山藥

　　在中餐裡料理山藥，經常都是切了炒菜，但若是換個做法，做成西餐式的焗菜也相當好吃。沿用西餐廳裡的焗馬鈴薯做法，在家也可以製作，簡單又美味。本篇的起司奶油焗山藥，選用黏性十足的山藥，加入大量的牛奶、鮮奶油和適量香料，再鋪上會牽絲的起司絲一同焗烤，入口滑潤，奶香濃郁，帶一點黑胡椒微辣的口感，輔以兩款小香料的芬芳，讓人彷彿置身高級西餐廳一般，趕快在家試試吧！

山藥的西式料理法！

材料：

- ◆ 山藥380克
- ◆ 洋蔥70克
- ◆ 牛奶180克
- ◆ 鮮奶油50克
- ◆ 奶油50克
- ◆ 小茴香適量
- ◆ 香草適量
- ◆ 黑胡椒1克
- ◆ 起司絲70克
- ◆ 鹽適量

🕐 準備：

1. 準備一碗淡鹽水，山藥洗淨，去皮切塊，要立即泡入鹽水中以防止山藥氧化變色。
2. 洋蔥洗淨去外皮，切成細丁狀。
3. 莫札瑞拉起司刨成絲，也可買市售焗烤起司絲。

🍜 凌尒尒說：

◆ 配方裡的材料份量是依照我做出的成品來標示，有些人可能因火力大小或翻炒時間長短不同，使得製作出的山藥泥偏乾或偏濕；如果太乾請再加一些牛奶或鮮奶油，如果偏濕就把山藥泥再多炒一下，多蒸發一些水分，這些請照自己喜歡的口感來好好衡量喔！

🥄 製作過程：

❶ 山藥瀝乾水，放入耐高溫的碗中，以微波爐高火轉6分鐘後取出。用桿麵棍或其他工具將山藥搗成泥。

❷ 鍋中放入奶油煮至融化，倒入洋蔥丁炒出香味，再加入山藥泥翻炒。（圖1）

❸ 轉小火，往山藥泥中加入牛奶，調整濕滑度。並不停地翻炒，使其成為糊狀。之後加入鮮奶油拌勻。

❹ 加入小茴香、香草粉、黑胡椒粒等拌勻，再加入適量鹽調味，把山藥泥煮得略濕一些。（圖2）

❺ 將山藥泥裝入耐高溫的小碗中，表面鋪上起司絲，放入已預熱至180度C的烤箱中層。

❻ 烘烤10分鐘左右，直到起司融化即可，取出即可享用。（圖3）

圖1

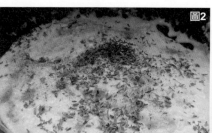
圖2

圖3

營養價值高的**根莖類蔬菜**，榮登料理的最佳配角！

　　根莖類蔬菜種類非常繁多，例如：地瓜、馬鈴薯、芋頭……這一類蔬菜無論當作主食還是配角，都十分出色。根莖類蔬菜因富含碳水化合物和多種的營養成分，又因它們皆生長在地下，能從水和土壤中吸收大量礦物質；而植物的部份，可以通過葉子從陽光裡吸收和儲存能量，所以，對健康有很大的好處。須注意的是，此類部份食材的澱粉含量高，故食用時應適量，避免意外攝取過多的卡路里。

紅蘿蔔

　　紅蘿蔔有「東方小人參」的稱號，是營養豐富的肉質根作蔬菜。尤其紅蘿蔔含有豐富的維生素A的前驅物—β胡蘿蔔素，在小腸消化吸收後，會形成維生素A，能夠養肝明目、增強人體免疫力、防癌；另外，紅蘿蔔含有植物纖維，能幫助通便，同時還能助降血糖、血脂、防止血管硬化、促進骨骼發育……等等益處。想要一口吃進紅蘿蔔的營養素，料理時最好加點油，用小火拌抄；也可以加入肉類一起煮，利用肉類脂肪溶解胡蘿蔔素，不僅美味，又能方便人體吸收。

※ 台灣常見料理方式：紅蘿蔔炒蛋、紅蘿蔔滷肉、紅蘿蔔燉牛肉、紅蘿蔔馬鈴薯排骨湯、紅蘿蔔炒肉絲

白蘿蔔

　　自古就有「冬吃蘿蔔夏吃薑，一年四季保健康」的說法，可見白蘿蔔的營養價值之高，其鈣質的含量是菠菜的4倍，維生素C含量與檸檬接近，其中富含的辛辣成分可促進血液循環和增強新陳代謝，當你吃得太多或進食過多肉類後出現消化不良的症狀時，可以吃幾塊蘿蔔幫助消化；但若是腸胃較弱或易腹瀉的人，建議少吃哦。白蘿蔔前中後段各有不同的適合料理：前段甜味最重，適合做沙拉、蘿蔔泥；中段較硬，建議做長時間的燉煮；後段較辛辣，適合做口味重的菜餚。

※ 台灣常見料理方式：蘿蔔玉米湯、清燉白蘿蔔牛肉湯、白玉鑲肉、蘿蔔糕、韓式辣蘿蔔泡菜、醬燒蘿蔔

牛蒡

　　牛蒡雖然一整條才二、三十元，但營養價值卻號稱是數一數二的完整，也因此被譽為「東洋參」。它除了高纖，還含有多種營養素，可以降血糖、血脂，還能抗發炎、抗氧化、穩定情緒……唯牛蒡性寒，吃多了易腹瀉，同時纖維較粗，無法當主要食材，坊間惟「牛蒡茶」較普遍。烹調上為了口感好，建議用在涼拌。若要快炒時，選用牛蒡較細、較嫩的一端；若是煮湯、煮飯、焗烤則可用較粗、較硬的一端。

※ 台灣常見料理方式：日式炸牛蒡絲、香炒牛蒡絲、牛蒡里肌肉片湯、牛蒡燒嫩雞、牛蒡拌飯、野菇牛蒡炊飯

山藥

　　山藥塊莖肥厚，肉質細膩，汁多帶黏性，生食又甜又脆，熟食綿軟滑順，無論是磨山藥泥拌飯、打成山藥蘋果牛奶或是燉一鍋山藥排骨湯，都十分美味。山藥同時也是一種美顏聖品，適度食用能夠達到抗老化、養顏美容、皮膚光滑細緻的功效；山藥非常適合腸胃不好的人食用，其黏液對修復胃腸黏膜大有助益。選購時記得挑選表皮光滑無裂痕的為佳。

※ 台灣常見料理方式：山藥紅棗排骨湯、山藥雞湯、山藥煎餅、雞肉山藥薏仁粥、涼拌山藥佐和風醬

芋頭

　　口感綿密鬆軟的芋頭，做成料理非常美味，但卻是許多婆婆媽媽們又愛又恨的一種食材，因芋頭在削皮時其黏液會令手的皮膚發癢，甚至麻麻刺刺的，疼痛不已，除了可以戴手套避免，在這邊教大家一個小撇步：削皮前可以先用醋或是檸檬汁洗手，即可有一定程度的改善。有時候吃到的芋頭會水水的口感不佳，若想避免此種狀況，可以在芋頭買回家後，先置放陰涼通風處，讓其水分發散再進行料理較佳。

※ 台灣常見料理方式：芋頭米粉湯、芋頭糕、清蒸小芋頭沾鹹鹹甜甜的蒜蓉醬、蜜芋頭、芋泥蛋糕、芋仔冰

地瓜

　　地瓜也常被稱為番薯，物美價廉，是以前糧食不足的年代重要的輔助糧食。市售常見的地瓜有紅肉、黃色、紫肉等，均是近幾年非常盛行的養生食材，營養價值高，富含纖維質，且有幫助消化排便、促進腸道蠕動的效果，因此成為養生排毒餐點中不可或缺的重要食材。烹煮時須注意，切勿煮到一半熄火，不然後續再加熱也無法軟爛熟透，口感會變差。順帶一提，地瓜葉的營養價值也很高，無論是川燙或是油炒都非常美味，烹煮時切忌時間過長，不然營養成分會流失，十分可惜。

※ 台灣常見料理方式：烤地瓜、薑汁地瓜湯、地瓜拔絲、地瓜球、地瓜籤餅、地瓜薯條

馬鈴薯

　　馬鈴薯又稱洋芋，大家愛吃的零食—洋芋片就是以此作為原料。新鮮的馬鈴薯質地鬆軟、皮呈黃色，細緻平滑帶水嫩感的光澤。馬鈴薯富含維他命C且最大優點是即使加熱也不會輕易被破壞，若不愛吃水果又想補充維他命C，馬鈴薯會是一個不錯的選擇。要注意的是，馬鈴薯若發芽或是變成綠皮，切記不可食用，口感變差是其次，吃多了可是會中毒的！從市場購回後，建議保存在通風良好的陰涼乾燥處，可存放較久。

※ 台灣常見料理方式：馬鈴薯泥、薯條、馬鈴薯燉肉、焗烤洋芋、薯餅、洋芋濃湯

蓮藕

　　蓮藕是蓮花的地下莖，盛產期為6-9月之間，新鮮的蓮藕味道微甜爽脆，可直接生食也可以煮熟料理，營養價值高，夏天食用可以消熱解暑降火氣，此外，還有消炎止血、活血化淤、幫助醒酒……等具多種療效，本草綱目譽其為「靈根」。選購蓮藕時，記得把握幾個原則：聞起來清香、表面的皮薄白皙略沾少許泥土、藕節粗短肥大，就能買到美味的蓮藕。

※ 台灣常見料理方式：蓮藕花生排骨湯、涼拌糖醋蓮藕、蓮藕鑲肉。

洋蔥

　　洋蔥中含有大蒜素，它有很強的殺菌能力，所以能有效的抵禦流感病毒、預防感冒；同時，大蒜素可以刺激呼吸道、泌尿道和汗腺的細胞管道壁的分泌，又具有止咳化痰、利尿發汗的作用。感冒的時候，可以喝加了洋蔥的熱味噌湯，很快就能發汗退燒。另外，用在料理時，洋蔥因為可以解油膩，所以在做一些高脂肪的菜餚，例如牛排、紅燒肉等等，搭配洋蔥既能去腥味，又能減少人體對脂肪的吸收，要注意的是，洋蔥用慢火加熱炒焦一點，風味會更濃，能為料理帶來微甜的濃郁口感和漂亮的焦糖色。但若是想從洋蔥中獲得更完整的營養素，建議可以做成涼拌菜或是拌沙拉，都是很好的方法。

※台灣常見料理方式：番茄洋蔥濃湯、沙茶洋蔥炒牛肉、洋蔥炒蛋、洋蔥拌雞絲

蕪菁

　　蕪菁是一種微紫色肥大的球莖類植物，又叫大頭菜，肉質柔嫩、緻密，可以用蒸、煮，燉，炒或醃漬的方法來烹調。

　　蕪菁因含有豐富的營養元素，食用價值又很高，傳說三國諸葛亮曾把它當作糧食供軍人食用，因此蕪菁在中國古代又叫做諸葛菜，其內含的高纖維素且低卡路里能夠讓我們有較長時間的飽足感，不僅讓我們不易肥胖，也能穩定血糖，幫助排毒。

　　食用方法建議以生食為佳，不僅可維持它清脆、鮮甜的口感，還可避免維生素C等營養素在烹調過程中流失。可以用鹽醃製除去其辛辣口感，然後加糖做成涼拌蕪菁絲來食用。

※台灣常見料理方式：涼拌大頭菜、大頭菜貢丸湯、季節時蔬蕪菁泡菜

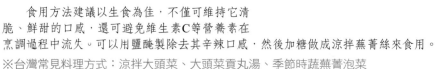

泡菜培根炒年糕

不知從何時開始，年輕人間掀起了一陣哈韓熱潮，從韓劇、韓語、韓系服裝、韓式美妝到韓式餐點，總是有那麼一群人，對韓式的東西很喜歡。琢磨美食的人，向來對吃敏感，韓國料理看多了，對於泡菜煎餅、石鍋拌飯之流，偶爾也會想念得流口水。做韓式料理，為求口味精確，首先一定要瞭解韓國料理常用的配料，買好了原料，在家演練起來自然不是什麼難事。想玩點花招的你，也可以試試加入培根，一定會有驚喜的火花喔！

傳統韓食新搭配！

材料：

◆ 韓式泡菜200克　　◆ 培根150克　　◆ 年糕條400克　　◆ 香蔥適量
◆ 韓式辣椒醬60克　　◆ 番茄醬20克　　◆ 糖15克　　　　◆ 鹽適量

🕐準備：

1. 年糕切成小塊條狀，放水裡加1克鹽煮至熟後，撈出瀝乾水備用。
2. 培根切成小片。
3. 香蔥洗淨切段。

圖1

🥄製作過程：

❶ 鍋中倒入適量油，炒熟培根片後盛出備用。（圖1）

❷ 鍋中再次倒入適量油，倒入瀝乾水的年糕條，跟韓國辣椒醬、番茄醬、糖一同炒勻，過程中可加適量水以防太乾會沾鍋。

❸ 倒入韓式泡菜一同翻炒。（圖2）

❹ 加入適量鹽調味，再倒入事先切好的香蔥段翻炒均勻即可。

❺ 裝盤即可享用。（圖3）

圖2

圖3

凌尒尒說：

◆ 年糕一定要記得先用滾水煮軟後，才能進行接下來的翻炒，否則要炒很久才能讓年糕熟軟喔！

暖心小知識

異國風味的**醬料&香料**，
用特殊香氣打動你的味蕾

　　醬料與香料可謂料理的彩妝與香水，不僅為菜餚增添色彩與香氣，與食物的味道亦是息息相關，若能使用得宜，可以讓精心烹煮的料理更添美味。不過，醬料與香料的運用與料理者本身的經驗與功力有著很大的關聯，這也是為什麼即使菜名相同，在各處吃到的口味卻不盡相同的原因。在此我們將為大家介紹幾種書中有使用且比較特殊的醬料與香料。

孜然

　　孜然又名安息茴香或小茴香，是印度及新疆等地經常使用的香料，香氣濃烈、風味獨特；孜然同時也是調製咖哩的主要材料之一，在印度廣泛使用，所以印度為現今孜然第一大產國。孜然與肉類料理十分速配，常作為燒烤佐料，其中又以羊肉與孜然最對味，相信常逛夜市的人都對新疆烤羊肉串不陌生，其調味就是孜然，除了增添香氣，更有去腥解膩之效，令人食慾大增。不過用孜然調味須適量，除了過量會遮蓋食材原味，其性熱，夏天若食用過多易上火。

月桂葉

　　月桂葉具有獨特優雅的香氣，散發淡淡的微苦味，歐洲的料理經常用其作為調味的香料；一般多使用乾燥後的月桂葉，料理方式多元化，燉肉、煮湯、燒菜、煮咖哩都很適合，長時間熬煮也不爛，且更添食物風味。值得注意的是，月桂葉味道辛辣且纖維很粗不易吞嚥，故料理完畢建議將其撈出丟棄，僅留其濃郁香氣即可；也有些人會將月桂葉磨碎入菜，不僅能夠釋放更多香味，也同時省去必須另外撈除的麻煩。

肉桂

　　肉桂又稱桂皮、月桂，味道芳香馥郁，用來料理肉食譬如燉牛肉、燉羊肉可去腥羶味並增添香氣，在烹煮的過程中，空氣裡會聞到淡淡的香氣，引人食慾，令人胃口大開。肉桂除了可作為烹飪時的香料，亦常用作中藥，治暈車、暈船嘔吐有奇效，然肉桂活血，孕婦應盡量避免食用。肉桂與孜然同屬香氣濃厚之香料，使用時切記勿過量，不然反而吃不到食材的味道，失了加分的作用。

香草莢

　　一般西點、甜品、飲料、咖啡中的香草口味，相信大家都不陌生，入口前淡淡的香氣縈繞鼻尖，非常誘人，無論是泡芙中的卡士達醬內餡、香草冰淇淋、法式烤布蕾都常會見到一小粒一小粒的細小黑點，那就是香草籽，咬起來有顆粒感。一般的烹飪材料行販售的是長條狀的香草豆莢，俗稱香草棒，將其剖開就能看到香草籽，並聞到令人心情愉悅放鬆的香氣，適度的使用能使食物的味道更為甜美，讓身心都獲得大大的滿足。

泰式甜辣醬

　　泰式料理吃起來酸酸甜甜，又帶點微微的辛辣感，爽口又帶勁，且有許多菜式皆屬涼拌菜，非常適合夏天食用，清涼開胃又消暑，台灣人接受度很高。偶爾想念泰式口味又不想上餐廳時，就可以用泰式甜辣醬入菜，它非常吻合大眾對於道地泰式口味的既定印象，酸、甜、辣，大家所熟悉的月亮蝦餅及泰式檸檬魚都是以此作為調味，光想到都要流口水。雖是泰式口味，但大家熟悉的牛頭牌、李錦記等知名品牌都有此醬，一般大賣場、超級市場、網路商店都能輕鬆買得到。

韓式辣椒醬

　　說到韓國料理，大家最有印象的當屬韓式泡菜，韓國由於其地理位置的緣故，冬季極為嚴寒，蔬菜種類少，幾乎家家戶戶都會自己醃製泡菜，透過食用泡菜補充多種人體所需的維生素及營養成分。除了泡菜，韓國人也嗜吃辣，韓式辣椒醬可謂家庭必備，無論是涼拌蔬菜或是炒肉類都很合適，大家常吃的辣炒年糕、辣炒五花肉、辣炒花枝、石鍋拌飯，都離不開韓式辣椒醬，天寒的時候吃上一大口，又香又辣直冒汗，身體都暖和了。近年由於哈韓人數眾多，韓式辣椒醬在一般大賣場、超級市場都能輕鬆買得到。

叉燒醬

　　叉燒肉紅豔肥美，又甜又香，咬下去肉汁四溢，大人小朋友都非常喜愛，幾乎大家去港式燒臘店都是必點菜色。其實在家也能自己烤蜜汁叉燒，現在一般超市及大賣場就能買到叉燒醬，自己買五花肉回來用叉燒醬、料酒、醬油……等配料調和醃製，再進行燒烤，好吃又健康的叉燒肉就完成了；此外，平時炒菜若想變換口味，加一點點叉燒醬也是不錯的選擇。

蠔油

　　蠔油是李錦記蠔油的創辦人所意外發明，推廣到全世界後大獲好評，台灣的超市、大賣場都很常見。該醬料是以水將牡蠣精燉熬煮提煉而成的調味料，可謂滿滿海鮮味的精華濃縮，香氣強烈，質地是濃稠的糊狀，味道鮮甜，美味無比，顏色呈深咖啡色、帶油亮的光澤感，適合用來當沾醬或入菜提味、增色，能夠讓食物的鮮味更多層次，常見於粵菜當中，蠔油芥蘭、蠔油炒菇、蠔油香菇雞都是台灣常見的吃法。

\Part2/
兩個人的親密
小小心思，製造浪漫

A small world between you and me

　　兩人小世界的餐點，其實可以很簡單。一份有創意、香氣撲鼻、風味絕佳、引人食慾的套餐，立刻能讓人眉開眼笑！可以是飯，可以是麵，亦可以是粥，主要目的在吃飽、吃好並且吃得營養均衡。當然，烹飪時滿心想著對方的那分心意，也能帶來最大驚喜。

　　兩人對坐，細嚼慢食，噥噥細語，一份簡單卻意義非凡的套餐，也可以成就一種浪漫喔！不信？那就一起來試試看吧！

番茄雞丁通心粉

義大利通心粉是義大利麵的一種，是歐洲最早的麵食之一。本篇教大家做的番茄雞丁通心粉，需要用中餐常用的原料「番茄」來熬番茄醬汁。吸飽中式酸甜番茄醬汁的西式麵條會是怎樣的一種美味呢？趕快動手做做看就知道囉！

中西食材碰撞出新美味！

 材料：

番茄雞丁通心粉：
- ◆ 雞腿3個
- ◆ 義大利通心粉200克
- ◆ 番茄2個
- ◆ 洋蔥70克
- ◆ 奶油25克
- ◆ 番茄醬25克
- ◆ 沙拉油10克
- ◆ 黑胡椒粉、鹽、雞精粉、西洋芹各適量

雞肉調味料：
- ◆ 黑胡椒1克
- ◆ 鹽2克
- ◆ 糖10克
- ◆ 醋5克
- ◆ 太白粉5克

準備：

1. 雞腿洗淨，剝去外皮，剔骨取肉，切成雞丁。
2. 雞丁加入雞肉調味料，抓勻入味，備用。
3. 番茄洗淨去皮，洋蔥洗淨，切成丁狀備用。
4. 西洋芹洗淨切碎。
5. 義大利通心粉放入滾水裡，加入10 克沙拉油和 1 克鹽，煮到通心粉變軟。

製作過程：

1. 鍋中放入一半的奶油，把調味好的雞丁入鍋翻炒，雞丁八分熟時盛出備用。
2. 再放入另一半的奶油，洋蔥丁入鍋炒出香味。（圖1）
3. 加入切好的去皮番茄一起炒，並加適量水熬煮。
4. 將煮好的通心粉瀝乾水，加入鍋中翻炒均勻。（圖2）
5. 加入番茄醬炒勻。
6. 加入雞丁，把所有原料拌勻，再加適量黑胡椒粉。
7. 最後加入適量鹽調味，盛盤時可再加入適量黑胡椒粒和西洋芹點綴。（圖3）

凌尒尒說：

◆ 如何快速完整地去除番茄外皮？這邊有個小訣竅：先用湯鍋煮一鍋滾水，放入洗乾淨的番茄，轉小火慢煮，番茄經過滾水一燙，表皮會自動裂開，沿著裂口，就能快速、乾淨地剝下番茄皮。

香酥小蝦餅

　　我每週都會去海鮮市場大肆採購一番，如果偶遇這些超級迷你的小溪蝦，一定會直接買下一斤。這麼小的蝦，不用去殼也無法去殼，那要怎麼做才好吃呢？可以炒熟直接吃，也可以像我一樣煎成蝦餅，剛撈上來的小蝦，鮮香無比，方便又美味。

小蝦米的大美味！

材料：

- ◆ 小溪蝦250克
- ◆ 雞蛋1個
- ◆ 香蔥25克
- ◆ 紅蘿蔔50克
- ◆ 麵粉80克
- ◆ 水30毫升
- ◆ 鹽適量
- ◆ 白胡椒粉1克

準備：

1. 紅蘿蔔洗淨去皮切成細絲。
2. 香蔥洗淨切成蔥末。
3. 小溪蝦洗淨並將水瀝乾。

製作過程：

1 將所有食材放在大碗裡拌勻，製成麵糊。（圖1）

2 鍋中倒入適量油燒熱，用大湯匙挖一點兒麵糊放入鍋中，以小火慢煎。（圖2）

3 煎的過程中要開中小火，等一面定型後再翻另一面。

4 將蝦餅兩面都煎成金黃色，裝盤即可。（圖3）

圖1

圖2

圖3

麥小小說：

◆ 這種咀嚼後可以直接進肚子的小溪蝦，最好挑選個頭最小的，越小越鬆軟越好吃喔！

香菇蝦仁油豆腐

這是一道簡便的家常快手菜。酸甜順口，有營養豐富的香菇、低卡路里的小黃瓜、鮮美的蝦仁、入味超快的油豆腐。用料豐富，製作簡便，適合全家老少一同食用。

老少咸宜的快手菜！

材料：

香菇蝦仁油豆腐：
- ◆ 香菇100克
- ◆ 鮮蝦250克
- ◆ 小黃瓜140克
- ◆ 油豆腐120克
- ◆ 香蔥適量
- ◆ 鹽適量

調味汁：
- ◆ 番茄醬25克
- ◆ 醋5克
- ◆ 糖13克
- ◆ 水28毫升
- ◆ 太白粉3克

準備：

1. 香菇洗淨切成片，過熱水備用。

2. 小黃瓜洗淨表面，切滾刀塊備用。

3. 鮮蝦去殼，取蝦仁，開背去蝦腸。蝦頭及蝦殼留著，炸蝦油時需要使用。

4. 油豆腐用水洗過一遍，切成兩塊備用。

5. 根據配方準備好調味汁備用。

製作過程：

① 鍋中倒入油燒熱，放入蝦頭和蝦殼炸出蝦油，之後撈出蝦頭跟蝦殼。

② 倒入蝦仁翻炒成蝦球，盛盤備用。（圖1）

③ 用鍋中剩下的油爆香香菇片和油豆腐。

④ 倒入小黃瓜翻炒均勻。

⑤ 重新倒入蝦球翻炒均勻，並倒入預先準備好的調味汁，將所有原料炒勻，勾薄芡。（圖2）

⑥ 加入適量鹽調味。

⑦ 撒適量蔥花點綴。（圖3）

凌尒尒說：

◆ 此菜的美味關鍵就是炸蝦油這個步驟，所以各位切不可偷懶喔！

圖1

圖2

圖3

百變豆腐，
清淡、營養又養生！

　　豆腐起源於中國，是一種極為養生的豆製品食材，常見的主要成分為「黃豆與水」，亦有人以黑豆代替黃豆製作。豆腐含有豐富的植物性蛋白質、卵磷脂及各種維生素、低卡、低脂、零膽固醇又具有飽足感，因此許多減重、塑身、健身的人都喜食豆腐，藉此幫助增加肌肉量。豆腐因製程及添加物的不同，衍生出各種不同的豆腐，熱量、外觀及口感也有所差異。另外，豆腐本身味道清淡，適合搭配各種食材及配料，蒸、煮、炒、炸、燒湯、涼拌都非常美味。不過豆腐也並非沒有缺點，由於是豆製品，所以若保存不當，無論是生的或熟食都很容易餿掉，若聞起來酸酸的或嚐起來有酸味，切勿再食用，可別跟自己的健康及腸胃過不去。接下來，讓我們看看有哪些豆腐吧！

板豆腐

　　板豆腐是大家最熟悉的豆腐之一，又稱傳統豆腐，製作時多了一道壓水的步驟，因此質地偏硬，觸感細膩紮實，聞起來帶豆子的香氣，用煎的、紅燒的，都非常美味，適合各種烹調方式，而且「鈣含量」幾乎是嫩豆腐的十倍以上，建議在運動後不妨適量攝取，豐富的蛋白質有助於肌肉生長，讓你增肌又不怕胖哦。選購時須注意，板豆腐的顏色並非純白，而是略帶微微的米黃色，若顏色死白，可能有添加漂白劑，對人體有害，不建議選購。料理時，建議可利用板豆腐本身的特性，捨棄刀切，而用手撕成塊狀，醬汁易從手撕面吸入豆腐，較易入味。

嫩豆腐

　　嫩豆腐看起來水水嫩嫩的，顏色白皙，口感柔和滑嫩如同蒸蛋一般，質地柔軟易碎，與傳統板豆腐極為不同，不適合用來煎炒，特別適合煮湯或涼拌，大家經常食用的皮蛋豆腐、味噌豆腐湯都常以嫩豆腐入菜，既飽足又美味，低卡特性也讓它成為減肥時的好幫手。使用時須特別注意，嫩豆腐含水量高，料理前記得先將水瀝乾，否則很容易會因為其中的湯汁影響調味，同時也容易讓菜餚糊掉，進而影響食用時的口感。

百頁豆腐

　　百頁豆腐口感很特別，軟軟QQ的，結構紮實充滿氣孔，故富有彈性，若用手壓下去，鬆開後隔一下子就會恢復原狀，吃起來有彈牙感。滷味、鹽酥雞等小吃攤都常見其蹤影，用炸的、用滷的都十分有滋味，深受大家喜愛，不過食用時可別被它名字中的豆腐二字所騙，由於製程的緣故，其中6成以上都是油脂，100克的百頁豆腐熱量約等於一碗白米飯，很容易不小心吃進過多熱量，再好吃也要記得忌口喔！

油豆腐

　　油豆腐是板豆腐的加工品，製作時將板豆腐放入油中炸，待其表皮轉為金黃色、形狀固定成型，好吃的油豆腐就完成了！金黃色的外皮口感佳、內裡白白嫩嫩的，常見於米粉湯、黑白切、關東煮、火鍋等料理中。油豆腐由於油炸時會將豆腐中的水分帶走，內部呈蜂巢狀，烹煮的過程中很容易將湯汁吸收在孔洞中，軟嫩多汁，想到都快要流口水了。

雞蛋豆腐

　　雞蛋豆腐是許多家庭主婦在烹飪時也很常選用的食材，因其口感滑嫩，不論是大人、小孩都非常喜愛。之所以名為雞蛋豆腐，是因其在製作的過程中，在豆漿裡加入適當比例的雞蛋而得名，質地軟嫩細緻、口感滑順，又帶著雞蛋的濃郁香氣，食用時就好像在吃布丁一樣，所以小朋友特別喜愛。

　　另外，由於雞蛋豆腐的結構堅韌不易破碎，不論是油煎、油炸都十分美味；夏天若沒有食慾，淋一點點和風醬油在冰冰涼涼的雞蛋豆腐上，就是一道透心涼的消暑聖品；或是，將雞蛋豆腐大小適中切塊後，用少許油乾煎，沾醬油調味，也是很棒又簡單的一道美味料理呢。

豆腐皮

　　豆腐皮，又稱腐竹，是豆漿加熱煮沸後，表面出現的一層膜，將那層薄膜凝固後取出，乾燥後即得豆腐皮。豆腐皮皮薄透明，半圓而不破，表面光滑、柔軟不黏，色澤乳白微黃、風味獨特，是高蛋白低脂肪不含膽固醇的營養食品，可鮮吃或曬乾後吃，是很常見的食物原料。

　　豆腐皮中含有豐富的優質蛋白以及大量卵磷脂，營養價值較高，能防止心血管硬化，預防心血管疾病；同時含有多種礦物質，能補充鈣質，對於因缺鈣引起的骨質疏鬆有很好的預防作用，對於小孩以及老人的骨骼生長極為有利，但若是腸胃較弱或容易腹瀉的人，建議不要多吃。

　　豆腐皮是便宜又好吃的家常食材，購買時不論是沒有炸過的生豆皮或是炸過後的豆皮，放入火鍋或滷味裡一起煮可以更加入味；拿來與蔬菜一起清炒也可以，相當萬用。

凍豆腐

凍豆腐同屬板豆腐的加工品，傳統市場及超市都買得到，若想吃得安心健康，也可以用簡單的方式自製。

凍豆腐的製作方式：將傳統市場買回來的板豆腐用清水稍微沖洗一下、瀝乾，然後切成適口大小的正方體，再置入冰箱的冷凍庫，冷凍4－6小時即完成，等到要吃的時候，再取出解凍烹煮即可。凍豆腐的內部呈蜂巢狀，口感鬆軟、容易吸附湯汁，煮湯、煮火鍋都很適合。

另外，也可以嘗試乾煎凍豆腐，許多人不知道凍豆腐除了煮湯之外，其實乾煎料理也非常可口。只要將凍豆腐放入油鍋煎至兩面微黃後，加入米酒，醬油，味醂，蔥花，白芝麻，拌炒至收乾，就可以美味上桌囉。

豆花

豆花，又稱豆腐腦、豆腐花，是由豆漿凝固後形成的果凍狀的食品，比豆腐軟，是一種常見的小吃。豆花不僅好吃，還富含抗氧化物及卵磷脂，被譽為植物牛奶。只是現在市面上充斥著許多用黃豆粉所製作的豆花，想從這些豆花取得黃豆的營養成分，真的非常有限，所以最好是選用非基因改造的黃豆製成，同時不含任何防腐劑的豆花才真能吃得安心又健康。

豆花除了可以做成大家熟悉的傳統甜品「傳統豆花」以及「花生豆花湯」之外，同時也能跟海鮮一起入菜，烹調成海鮮豆花湯、干貝燴豆花等等鮮美菜餚。

蜜汁蒸排骨

說到排骨的料理，大家通常會怎麼做呢？紅燒？煮湯？還是滷排骨？
本篇介紹的是蒸排骨。這道排骨先蒸後煮，絕對不上火，而且還很入味喔！

不烤不炸也入味！

 材料：

蜜汁蒸排骨：
- ◆ 排骨450克
- ◆ 黑胡椒粒1克
- ◆ 鹽適量
- ◆ 蒸排骨產生的湯
- ◆ 生抽醬油適量
- ◆ 太白粉適量
- ◆ 白芝麻適量
- 汁適量

排骨醃料：
- ◆ 鹽3克
- ◆ 糖10克
- ◆ 生抽醬油10克
- ◆ 蜜汁烤肉醬50克
- ◆ 蜂蜜20克
- ◆ 蠔油15克

🕐 準備：

排骨剁成小塊並洗淨，瀝乾水分，加入排骨醃料，全部抓勻
醃製10小時左右。

製作過程：

❶ 把醃好的排骨塊裝入碗中，放入電鍋蒸約半小時。
（圖1）

❷ 蒸好的排骨取出，把蒸排骨留下的汁液瀝出備用。

❸ 鍋中加入少量生抽醬油，倒入排骨翻炒，加入排骨
蒸汁和適量太白粉勾薄芡。（圖2）

❹ 加入適量鹽和黑胡椒粒
調味。

❺ 裝盤後灑適量白芝麻裝
飾。（圖3）

圖2

圖3

 凌ㄚㄚ說：

◆ 排骨經過各種醃料長時間地浸泡，是使其入味的不二法門。這種方法不僅適用於排骨，在製作
各式肉類時均可使用。

◆ 蜜汁烤肉醬可不是只有烤肉才能用，料理時適時加入會為菜餚增色不少，我偏愛選用李錦記的
蜜汁烤肉醬，各大超市、賣場都能輕易購得，方便又美味。

蠔油雙菇炒牛柳

　　蠔油是由有「海底牛奶」之稱的牡蠣熬製而成的一種調味醬，是許多廣東菜餚常用的提鮮調味料。由於牡蠣又被稱為「蠔」，所以這種調味料就名為「蠔油」，它能使原本平淡無奇的菜變得異常鮮美可口。本篇蠔油雙菇炒牛柳，利用草菇和杏鮑菇作為配菜，再利用蠔油調出兩種菇的鮮味，作為家常菜或下酒菜都很美味。

菇類和牛肉的雙鮮合璧！

 材料：

雙菇炒牛柳：
◆ 草菇140克　　　◆ 杏鮑菇100克　　　◆ 牛肉170克
◆ 蒜頭3瓣　　　　◆ 蠔油15克

牛肉醃料：
◆ 鹽1克　　　　　◆ 糖5克　　　　　　◆ 黑胡椒粒1克
◆ 太白粉65克　　　◆ 米酒4克

準備：

1. 牛肉洗淨切絲，加入牛肉醃料抓勻醃製1小時。
2. 草菇洗淨，切去尾部，從中間對半切開。
3. 杏鮑菇洗淨，用斜刀切片備用。
4. 蒜頭去皮切片備用。

製作過程：

圖1

❶ 用湯鍋將水煮沸，把切好的雙菇燙過，撈出瀝乾水備用。（圖1）

❷ 鍋中倒入適量油，爆香蒜片後倒入牛柳快炒。

❸ 牛柳變色時立即放入瀝好水的雙菇，將所有材料翻炒均勻。

圖2

❹ 加入蠔油調味後翻炒均勻。（圖2）

❺ 裝盤即可享用。（圖3）

 **凌小小說：**

◆ 此菜色不需要額外加鹽和雞精粉，有蠔油的鮮度和鹹度就足夠了。

◆ 由於菇類是一種很難洗淨的食材，因此炒之前最好都過一次熱水，能有效清洗附著在根部的髒東西。

圖3

涼拌豆皮

　　豆皮又稱為「腐竹」，華人在「吃」上面可謂講究及鑽研，你如果瞭解豆皮的製作過程，就會對這句話更有感觸。　豆皮的製作很費工夫，首先要泡發黃豆，磨出豆漿，豆漿經燒煮並冷卻後，表面會凝固一層皮，這層結皮就是豆皮，把表面上的皮取出，經過攤平、捲起、烘乾等多道程序，才能成為可以出售的成品。豆皮的營養價值很高，含有豐富的蛋白質、膳食纖維和碳水化合物，食用時葷素皆可搭配，而做成涼拌菜則滑潤涼爽，非常適合在炎熱的夏天食用。

夏日涼拌開胃菜！

 材料：

◆ 豆皮80克　　　　◆ 蒜頭3瓣　　　　◆ 糖3克
◆ 香菜適量　　　　◆ 辣椒油適量　　　◆ 鹽適量

準備：

1. 豆皮切小段，用水洗兩遍去除表面灰塵及髒物，並用涼水浸泡5小時至豆皮變軟（若買的不是乾貨，則可免去浸泡過程）。
2. 蒜頭切成蒜末備用。
3. 香菜洗乾淨，取香菜葉子備用。

製作過程：

1 將泡好的豆皮瀝乾水，入湯鍋中煮沸騰後，再瀝乾水盛出，並在碗的表面蓋上一層保鮮膜。（圖1）

2 放置等它自然冷卻，冷卻後送入冰箱冷藏3小時。

3 從冰箱取出後，加入鹽、糖拌勻調味。（圖2）

4 加入適量的自製辣椒油、香菜葉，拌勻即可。

5 裝盤即可享用。（圖3）

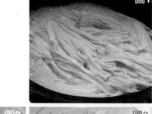
圖1

圖2

圖3

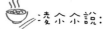 **麥小小說：**

◆ 自製辣椒油很簡單，不開火也可以完成，將乾辣椒剪成小塊放入碗中，加入少許鹽，另取一個耐高溫的玻璃碗，裝入食用油，放入微波爐以高火轉3分鐘至油燒熱，之後戴耐高溫手套將碗取出，趁熱淋在辣椒上即可，也可以加入適量白芝麻，做出來的辣椒油會更香。

◆ 豆皮煮好後，也可以直接拿一盆冰水浸泡，放涼後即可進行涼拌，很快也很方便。

酸辣羊肉炒茄子

　　本篇介紹的可是讓茄子充滿肉香的料理喔！茄子味道平平，但是製作後會變軟，且吸飽了鮮美的羊肉味，這個特別的元素讓平淡無奇的茄子頓時有了亮點。

羊肉味讓茄子出現亮點！

材料：

◆ 羊肉片300克　　◆ 茄子180克　　◆ 紅辣椒1根　　◆ 青辣椒1根
◆ 醋12克　　　　　◆ 蒜頭適量　　　◆ 薑適量　　　　◆ 鹽適量

準備：

1. 蒜頭和薑洗淨後去皮切成片。
2. 青紅辣椒洗淨後切成小段。
3. 茄子切滾刀塊。

製作過程：

❶ 茄子下油鍋煎，至切面呈金黃色後盛出。

❷ 用鍋內剩下的油爆香蒜片和薑片，並倒入羊肉片翻炒至七分熟（羊肉還能見到些許紅色）。

❸ 加入青紅辣椒翻炒，倒入醋翻炒均勻。（圖1）

❹ 加入煎好的茄子一起炒至茄子變軟。（圖2）

❺ 加入適量鹽調味。

❻ 裝盤即可享用。（圖3）

凌尔尔說：

◆ 如何使切開的茄子維持漂亮色澤，並在製作的過程中也保有顏色的鮮豔呢？這裡有兩個小妙招。

1. 茄子切好後立即浸泡到水裡，待要料理時再瀝乾使用。

2. 將茄子油炸或煎一下，如此處理過的茄子顏色可以維持得比較久喔。

圖1

圖2

圖3

沙茶豆腐燴雙鮮

　　沙茶是印尼的傳統風味調味料，意思是「烤肉串」。沙茶醬從國外傳入中國，經過國人的巧手製作，再根據各地的口味調整，各處都有出產，且味道各不相同。本篇的沙茶豆腐燴雙鮮就是以沙茶醬為主要調味料製作的一道特色菜，味道香濃、微辣，醬香濃郁，搭配兩種小海鮮，味道鮮美香甜，頗有南洋風情。

讓人眼睛一亮的風味海鮮！

 材料：

◆ 蝦仁85克　　　◆ 魷魚125克　　　◆ 百頁豆腐200克　◆ 青椒60克
◆ 沙茶醬50克　　◆ 薑10克　　　　　◆ 鹽適量

準備：

1. 魷魚洗淨切塊。
2. 蝦去殼，開背去蝦腸。
3. 百頁豆腐切片。
4. 青椒洗淨去籽切塊。
5. 薑洗淨切絲

製作過程：

❶ 鍋中倒入適量油燒熱，倒入薑絲爆香。
❷ 倒入蝦仁和魷魚一同翻炒至八分熟，盛出備用。
❸ 鍋中再倒入適量油燒熱，倒入百頁豆腐快炒。
❹ 加入適量沙茶醬和水，將百頁豆腐均勻裹上沙茶醬。（圖1）
❺ 倒入蝦仁和魷魚塊再炒一下。（圖2）
❻ 倒入青椒塊翻炒。（圖3）
❼ 最後加入適量鹽調味。
❽ 裝盤即可享用。

圖1

圖2

圖3

 凌兮兮說：

◆「燴」是指將原料先油炸或煮熟後，放入鍋內
　加佐料、調味料並以高湯煮至入味的方法。

泡菜辣椒炒肉絲

　　韓式泡菜味道辣，是因為其在醃製過程中放了大量的辣椒粉，所以成品色澤紅亮，味香辛辣，食之無比開胃。本篇的泡菜美食，不僅用泡菜來炒肉絲，還加入青紅辣椒作為配料，這兩種辣椒的味道並沒有辣椒粉重，輕微的辣度中會帶一點甜。在這道菜中，泡菜和青紅辣椒不僅能起到增添色彩的作用，還可以使兩種辣味互相交織，給愛吃辣一族帶來不同的享受。

兩種辣味交織出的驚喜！

 材料：

泡菜辣椒炒肉絲：
◆ 韓式泡菜80克　　◆ 豬肉155克　　◆ 青辣椒2根　　◆ 紅辣椒1根
◆ 糖8克　　　　　　◆ 韓式辣椒醬15克　◆ 鹽適量

肉絲醃料 ：
◆ 鹽2克　　　　　　◆ 糖10克　　　　　◆ 醋5克
◆ 白胡椒粉1克　　　◆ 太白粉5克

準備：

1. 韓式泡菜切小塊。
2. 豬肉洗淨切絲，加入肉絲醃料抓勻入味。
3. 青、紅辣椒洗淨去籽切小塊。

製作過程：

❶ 鍋中倒入適量油燒熱，放入調過味的豬肉絲翻炒，至九分熟時（顏色變白）盛出備用。

❷ 鍋中再倒入適量油燒熱，放入韓式泡菜炒香， 並放入青、紅辣椒一同翻炒。（圖1）

圖1

❸ 倒入事先炒好的豬肉絲，將所有材料再略炒幾下。

❹ 加入韓式辣椒醬，將所有材料均勻上色。（圖2）

圖2

❺ 加入適量鹽和糖調味。

❻ 盛出裝盤即可享用。（圖3）

**凌尒尒說：**

◆ 炒肉絲時可以用筷子把肉絲撥開，會比用鍋鏟更順手喔！

圖3

咖哩雙瓜

　　素食，總是被許多在意自己身材的女生所喜愛，多多的蔬果，多多的纖維，既能飽腹又不怕長脂肪。許多蔬果單獨烹調都具有相當的美味，若再加入適合的配料，那便是一道迷死人的美味菜餚。黃瓜和南瓜都是味道比較清淡的食物，我大膽地用了咖哩粉來調味，給兩個清淡的風味做個強勢的改變。咖哩是以薑黃為原料，另加多種香辛料配製而成的複合調味料，其味辛辣中帶甜，具有特別的香氣。

全新的黃金組合！

 材料：

◆ 南瓜200克　　◆ 黃瓜200克　　◆ 枸杞5克　　◆ 咖哩粉1克
◆ 花椒粉1克　　◆ 鹽適量　　　◆ 太白粉適量

準備：

1. 南瓜洗淨去皮切小塊。
2. 黃瓜洗淨切小塊。
3. 枸杞事先用水洗淨浸泡半小時。

製作過程：

❶ 鍋中倒入適量油，把切好的南瓜塊倒入鍋中翻炒1分鐘左右。

❷ 加入適量的水（不要淹過南瓜），蓋上鍋蓋將南瓜悶至八分熟。（圖1）

❸ 打開鍋蓋，倒入黃瓜塊和泡好的枸杞翻炒，這時加入1克咖哩粉和1克花椒粉炒勻調味。（圖2）

❹ 加入適量鹽調味，適量太白粉以冷水勾薄芡，淋入鍋中並攪拌均勻。

❺ 裝盤即可享用。（圖3）

圖1

圖2

圖3

 凌小小說：

◆ 南瓜體積較大，市場上多是切開來販賣。購買時請盡量挑選切面顏色偏黃的南瓜，這樣的南瓜最甜、最好吃。

瓜類蔬果含水量高，炎熱夏季食用最佳！

　　瓜類植物種類繁多，有蔬菜類亦有水果類，主要生產於夏季。瓜類蔬果屬涼性蔬菜有一個共通特性，含水量占九成以上，營養豐富、高鉀低納、含有多種礦物質如鈣、磷、鐵、鉀等，且富含人體必需氨基酸及維生素B1、B2、C，適度食用，可以降低血壓、保護心血管。台灣夏季溫度高、潮濕悶熱，人體水分流失極快，除了喝水適時補充之外，食用瓜果類蔬菜也是一個非常好的選擇，清涼、退火、殺菌，一舉數得。

櫛瓜（西葫蘆）

　　櫛瓜外觀與黃瓜、小黃瓜相似，又稱為西葫蘆或夏南瓜，原產於美洲，以前台灣並不常見，屬進口高級食材，近年台灣種植成功，才變得平價多見。櫛瓜食用時可不去皮，生吃爽脆口感似梨，熟食軟嫩似茄子，本身無特殊味道，故與各種食材百搭，煎、煮、炒、炸、涼拌、烤，都非常適合。櫛瓜不僅低卡、低GI，還富含膳食纖維、維生素C及抗氧化物質，想變得更漂亮的女性快來試試吧！

黃瓜

　　黃瓜即我們俗稱的大黃瓜，又稱胡瓜或刺瓜，原產印度，西漢時引入中國，品種繁多，易於用籽培植，多屬溫室產品，口感清脆多汁，可生食亦可熟食。果實的外觀呈圓柱形，通常有刺，成熟時表皮顏色為黃綠色或深墨綠色。若想買到新鮮的黃瓜，選購時可觀察瓜身是否挺直結實脆硬、頭尾粗細均勻，瓜皮帶刺，但刺細不扎手，且表皮呈深翠綠色覆蓋白色果粉尤佳。

小黃瓜

　　台灣一年四季都吃得到小黃瓜，其屬
黃瓜的一種，主要差異為大小及形狀，口
感爽脆可口、富含水分，涼拌、沙拉、配
菜都非常適合。小黃瓜不但美味，營養價值很高，常吃不但可以補充多種人體所需維生
素及膳食纖維，還能抗癌、養顏美容、醒酒、防便秘、預防糖尿病、降血脂……等等，
適度食用有益身體健康。挑選時請注意：1.表皮色澤光亮呈深綠色 2.瓜身胖瘦均勻 3.表皮
上的突出物會刺手，只要把握這幾個原則，就可以買到新鮮小黃瓜了。

絲瓜

　　　　　　絲瓜在台灣又稱菜瓜，味甘甜美，原產
　　　　　　於亞洲熱帶地區，瓜體呈長圓柱形，瓜皮為
　　　　　　綠色，摸起來粗糙且有直向溝紋，籽可食，
　　　　　　無論清炒或是煮湯、煮麵都十分美味。絲瓜
煮熟後口感滑嫩，想吃爽脆感切記烹煮時間不宜過長，若想吃軟嫩一點則可以熄火後利
用鍋內餘溫悶煮。須注意一點，絲瓜加熱後會出大量湯汁，所以翻炒時最好不要一下加
太多水，起鍋前再調味。絲瓜富含維生素B群及維生素C，不僅可美白肌膚，又可減緩老
化，故絲瓜水也是許多女性愛用的保養聖品。

南瓜

　　說到南瓜，大家最先想到的可能是萬聖節的
南瓜燈籠及可愛周邊商品，其作為食材，營養價
值很高，非常美味。南瓜的表皮有黃色及綠色兩
種，果肉則為飽滿鮮艷的金黃色，富含多種維生
素、胡蘿蔔素、膳食纖維及礦物質，對人體極有
助益，對於男子的攝護腺保養亦有很好的作用。
須注意的是，南瓜澱粉含量及糖分高，若食用過
多，會攝取過多卡路里。南瓜籽亦可食用，炒

過之後，就是市售的白瓜子，是不錯的零食，但油脂含量高，建議勿食過多。挑選南瓜
時，可以用指甲輕刮南瓜表皮，若不留痕跡且略帶白色果粉，這樣的南瓜通常已熟透，
甜分也高，煮熟之後香氣濃厚、口感鬆軟綿密，深受老人家及小朋友喜愛。

瓠瓜

　　又稱蒲瓜或胡蘆瓜，一般我們所說的葫蘆就是此一植物，屬爬藤植物。瓠瓜要趁未成熟尚鮮嫩時採收食用，瓠瓜過熟老化不宜食用，通常會使其乾燥木質化，一般可作為容器或撈杓使用。瓠瓜味道清香略帶甜味，肉質細嫩柔軟，去皮後全部可食用，與蝦皮拌炒或是煮湯都非常適合，須注意的是，烹煮時間不宜過長，若煮得太軟爛，營養成分易流失。

茄子

　　茄子又稱茄瓜，台灣常見的品種外皮是黑紫色，果肉為白色，形狀多為長形、圓形、橢圓形，每年的5月-12月為台灣的盛產期，清蒸、水煮、炒、紅燒、涼拌都非常美味。挑選時應以外觀的蒂頭完整、表面平滑緊實、果皮呈漂亮的亮紫色，摸起來果肉沒有變軟或萎縮，手感扎實飽滿有彈性，即能挑到新鮮的茄子。茄子營養豐富，其成分能夠降低膽固醇、維持血管壁的彈性、控制血壓、提高免疫系統功能，可謂好處多多。

苦瓜

　　苦瓜生長地帶遍布全世界熱帶、亞熱帶，果實味道甘苦，台灣一年四季均有生產。一提到苦瓜，很多人都要皺眉頭，彷彿嘴巴裡都能嚐到它的苦澀味，但也有人著迷於吃下去之後嘴裡的回甘，炎熱的

夏天非常適合食用，能達到利尿消腫、清熱、解毒、控血糖、降火氣的效果，且生食效果尤佳。苦瓜一般多與豆鼓一同炒食或是打成蔬果汁食用，喝起來微酸又帶一點甘苦味的鳳梨苦瓜雞湯，亦是常見的苦瓜料理。

冬瓜

　　原產印度和中國南部，並分布於亞洲的
熱帶、亞熱帶及溫帶地區，形狀呈圓形、扁圓
形或長圓形，台灣以長圓形最常見。冬瓜本身
味道清淡，燒湯、紅燒、煮火鍋都很好吃，其
瓜皮為綠色，果肉多汁、肉質結構鬆散，成熟
的冬瓜皮表面會有一層白色霜狀物，若不剖開
且保存得當，存放期可以很長。夏天食用冬瓜有消熱、利水、消腫的功效，據《本草綱
目》記載，冬瓜可治療消渴不止、痔瘡腫痛、熱毒、痱子。不過，冬瓜性寒，女性不宜
食用過多，尤其是月經來潮期間，食用過多亦引起痛經。

青木瓜／木瓜

　　木瓜，是一種營養價值很高的蔬果，
富含大量維生素C、β-胡蘿蔔素、礦物質
以及多種人體必需氨基酸，其中最特別的
就是木瓜酵素，不僅可以幫助消化，還能
分解蛋白質、醣類及脂肪，故有「百益之
果」、「萬壽果」等響噹噹的稱號。成熟
的木瓜表皮及果肉皆為漂亮的金黃色，柔
軟香甜多汁，夏天時，無論當成飯後水果或是喝上一杯冰冰涼涼的木瓜牛奶，都非常清
涼消暑。青木瓜相信大家也不陌生，顧名思義，其指的是果皮、果肉皆為青綠色的未成
熟木瓜，一般多用來入菜，無論是切成薄片與檸檬汁一同涼拌冰鎮，入口爽脆；或是切
塊狀與排骨一同燉湯，都非常速配。另有一說，青木瓜有豐胸、追奶之效，不過效果也
是因人而異，並非所有人皆適用。

瓠瓜酸辣炒牛肉

　　瓠瓜又稱葫蘆瓜，它本來就是不出眾的瓜類，滋味清淡，我從小並沒有特別愛吃。這道菜餚的由來，是因為小舅舅的小菜園大豐收，自家吃不完的瓠瓜便拿來送與親戚好友。尋思了半天，我便把瓠瓜製作成這道開胃小菜，瓠瓜酸辣炒牛肉。把瓠瓜和牛肉都切成丁狀，製作過程也不複雜，只需事先醃製牛肉，炒的過程僅需十來分鐘便可解決，確實是一道家常快手小炒的下飯菜餚。

瓠瓜帶來的夏日驚喜！

材料：

瓠瓜炒牛肉：
- ◆ 牛肉230克
- ◆ 瓠瓜400克
- ◆ 醋25克
- ◆ 糖15克
- ◆ 蒜頭3瓣
- ◆ 鹽適量
- ◆ 辣椒醬15克

牛肉醃料：
- ◆ 鹽2克
- ◆ 糖10克
- ◆ 太白粉8克
- ◆ 麻油5克

準備：

1. 牛肉洗淨，切成小丁狀，加入牛肉醃料抓勻，醃製1小時。
2. 瓠瓜去皮，切成厚丁狀。
3. 蒜頭去皮剁成蒜末備用。

製作過程：

❶ 鍋中倒入油燒熱，倒入醃好的牛肉翻炒至牛肉變色，取一個乾淨的碗盛出備用。

❷ 利用鍋中餘油爆香蒜末，倒入瓠瓜翻炒。

❸ 加入辣椒醬炒勻。（圖1）

❹ 瓠瓜炒軟後，倒入事先炒好的牛肉。（圖2）

❺ 加入醋、鹽、糖調味，將所有食材拌勻即可。

❻ 盛盤即可享用。（圖3）

麥小小說：

◆ 這道菜若不加辣椒醬和醋，就是一道簡單的瓠瓜炒牛肉，但是加入了前述兩種調味料，風味就會大大不同，可以一試。

圖1

圖2

圖3

豆豉蒸鱸魚

下班逛菜市場，買一條新鮮的魚回家清蒸，是一件多麼愜意的事。清蒸魚是家常菜，製作速度快，只需簡單幾個步驟，10分鐘內就可以上桌，健康又美味的料理非此莫屬。魚的營養價值高，脂肪和膽固醇也很低，是老少皆宜的食物。如何在清蒸的基礎上做出不同風味，這是主廚要思考的問題。這道豆豉蒸鱸魚，透過加入重口味的豆豉來增加清蒸魚的風味，香香辣辣，又有鮮味，特別開胃，讓人不自覺地增加了飯量。

清蒸也能蒸出獨特風味！

材料：

◆ 辣豆豉30克　　◆ 薑8克　　　　◆ 鱸魚490克（淨重）
◆ 蔥15克　　　　◆ 豆豉汁30克　　◆ 沙拉油25克

圖1

準備：

1. 魚洗淨去鱗，去除內臟和其餘髒物。
2. 薑切絲備用。
3. 蔥切絲備用

圖2

製作過程：

❶ 在魚背上順著背鰭的部位劃開一刀。
❷ 在刀口處填入薑絲、辣豆豉後放入蒸籠或
　 電鍋。（圖1）
❸ 若用蒸籠，先開大火，水沸騰後關小火蒸
　 6 ～7分鐘即可；若用電鍋，則外鍋倒半
　 杯水蒸至電源跳起即可。
❹ 將盤內的蒸魚汁倒出，並擺上蔥絲。
❺ 在魚與蔥絲上淋上豆豉汁。（圖2）
❻ 將沙拉油燒熱，澆在魚身上即完成。
　 （圖3）

圖3

 凌小小說：

◆ 將蒸魚汁倒掉為的是避免湯汁中含有魚的血
　 水，腥味很重，最好丟棄不用。
◆ 蒸魚的時間長短請根據魚的大小來調整，魚小
　 要縮短時間，魚大要拉長時間。

風味香烤羊肉丸

　　以前我做過一次牛肉丸，親友的反應都還不錯，於是讓我突發奇想：羊肉也是可以做成肉丸子的。這次，我運用了「烤」的手法，讓完成的羊肉丸不會像炸肉丸那麼油膩，而且羊肉還是低油脂的溫補食材，相當適合怕胖的女性食用。另外，因為羊肉事先用大量香料醃製過，所以烤出來沒有腥味，這道菜餚頗有中東風味，一起來試試看吧！

把肉丸換成羊肉新口味！

 材料：

- ◆ 羊肉350克　　◆ 鹽3克　　◆ 雞蛋1個（只要蛋白）　　◆ 米酒12克
- ◆ 太白粉6克　　◆ 孜然粉1克　　◆ 黑胡椒粒1克　　　　　　◆ 小茴香1克
- ◆ 香草1克　　　◆ 橄欖油10克

⏰ 準備：

1. 羊肉洗淨先切小塊，再剁成羊肉泥。

2. 羊肉泥中加入所有原料，用手抓勻，並將肉往攪拌的容器中不停摔打，使之有黏性。

3. 調好味的羊肉泥封上保鮮膜或蓋上蓋子，放到冰箱裡一個晚上（約12小時），使其更入味。

圖1

🥄 製作過程：

❶ 取出醃好的羊肉泥，用湯匙或者用手捏成丸子狀。（圖1）

❷ 放入耐高溫的玻璃碗或者鋪了錫箔紙的烤盤裡，用200度C烤20分鐘。（圖2）

❸ 取出裝盤即可享用。（圖3）

圖2

麥小小說：

- ◆ 這樣一道烤羊肉丸子充滿了各種香料的味道，建議可以沾著孜然和椒鹽的粉末一同食用，味道更佳。

圖3

三杯雞煲豆腐

　　三杯雞是出名的美食，「三杯」之名來自於三種調味料：米酒、麻油、醬油，三種原料以杯計量入味。常見的三杯雞做法多會加入香氣濃郁的九層塔入菜，為這道料理多添了一抹引人食慾的辛香味。在本道三杯雞煲豆腐中，加入的豆腐可不是配角。滿滿吸飽三杯雞湯汁的美味豆腐變身為第二主角，借力使力的味道真是入味好吃。

豆腐也晉升美味主角！

材料：

- ◆ 雞1隻（約700克）
- ◆ 板豆腐1塊
- ◆ 麻油40克
- ◆ 生抽醬油50克
- ◆ 米酒90克
- ◆ 蒜頭30克
- ◆ 小辣椒5根
- ◆ 糖25克
- ◆ 九層塔15克
- ◆ 鹽適量

準備：

雞洗淨剁成塊，放入滾水中燙一下，煮出血水。板豆腐切小塊。

製作過程：

❶ 鍋中加入適量油，將切成小塊的板豆腐入鍋煎成雙面金黃色後盛出。（圖1）

❷ 用鍋中煎豆腐剩下的油爆香小辣椒和蒜頭，倒入事先燙好的雞肉塊翻炒。

❸ 倒入麻油、生抽醬油和米酒三種調味料，再加入適量水，水量大約是雞肉的一半。

❹ 加入糖調味，蓋上鍋蓋，關小火悶8分鐘。

❺ 中途將煎好的板豆腐塊加入鍋中一同悶煮。（圖2）

❻ 雞塊悶熟後，加入九層塔炒香，再加入適量鹽調味即可。（圖3）

圖1

圖2

圖3

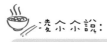
凌尔尔說：

◆ 雞肉悶煮的時間請視情況自行調整，因為雞的品種不同、大小不同，悶煮時間也不同。

私房番茄糖醋肉

　　我從孩提時就很貪吃，家中的長輩也百般寵愛，總不讓我餓著。舅媽尤其疼愛我，喜歡在家中DIY美食，總給我絞盡腦汁做吃的，不管是煎雞翅、糖醋肉、炸蝦等等，都是童年難以忘記的好滋味。這道糖醋肉，就是舅媽的私房料理之一。炸得酥酥的糖醋肉首先一定要用五花肉，肥瘦相間吃起來才會軟嫩爽口。若用全瘦肉，炸過的糖醋肉就會比較澀。用糖和醋調味過的肉酸酸甜甜的，開胃得很。看電視時，小孩子可以將它當零食吃，聽起來也許有點奇怪，不過，真的是一塊接一塊的，根本停不下來！若要做成下飯菜，加點兒番茄做成的這道私房番茄糖醋肉，絕對是米飯殺手！

充滿兒時記憶的私房料理！

材料：

私房番茄糖醋肉：
- ◆ 五花肉300克
- ◆ 番茄醬60克
- ◆ 白醋8克
- ◆ 糖15克
- ◆ 番茄2個
- ◆ 鹽適量

豬肉醃料：
- ◆ 白醋10克
- ◆ 白胡椒粉5克
- ◆ 糖5克
- ◆ 鹽2克
- ◆ 太白粉20克

準備：

1. 五花肉切成小塊，加入醃料抓勻，醃製12小時。
2. 番茄洗淨切塊備用。

凌爺爺說：

◆ 五花肉記得一定要提前一天醃製才會更入味，肉質也會更嫩喔！

製作過程：

❶ 鍋中多倒入一些油燒熱，將醃過的五花肉一塊塊放入油鍋中炸。（圖1）

❷ 將五花肉炸至金黃色，撈起瀝乾油，放置一旁備用。

❸ 取一炒鍋，倒入適量油跟切好的番茄塊，翻炒片刻。

❹ 加入五花肉翻炒均勻。（圖2）

❺ 依次加入番茄醬、白醋、糖並翻炒均勻。（圖3）

❻ 加入適量鹽調味。

圖1

圖2

圖3

\Part3/
三個人的溫暖
親子樂趣，
從不一樣的營養餐點開始

與家人圍坐在一起吃飯，是最幸福的事情。不過，吃慣了家常菜，餐桌上往往缺少驚喜，不僅菜式一成不變，口味也難以有突破，到底要怎麼做，才能讓全家人的食物既美味又健康呢？

只要加一點點創意，就能看到家人臉上驚奇又滿足的表情，使用不同的食材搭配以及料理方式，也許是一個不錯的選擇！無論是做老公或兒女想露一手，亦或是媽媽為心愛的家人準備飯菜，用既簡單又巧妙的快手烹飪法，讓平凡的家常菜搖身一變，使飯桌充滿樂趣，培養親子默契，就從吃飯這件人生大事開始吧！

香芹堅果蝦仁

　　多吃堅果的好處自不必多說，製作這道菜的一個要點就是：堅果要事先過油，讓其更加香脆，關火後再拌個幾下就可以上桌。加入堅果的蝦仁有點「宮保」的味道，我想，這樣一道酒館式的美味小菜，端上桌一定很有面子。當然了，製作起來也很方便喔！

不一樣的「宮保蝦仁」！

 材料：

◆ 鮮蝦200克　◆ 芹菜90克　◆ 杏仁30克
◆ 核桃30克　◆ 鹽適量　◆ 太白粉適量

準備：

1. 芹菜洗淨，摘葉、切段備用。
2. 鮮蝦洗淨去殼，開背去蝦腸備用。

製作過程：

❶ 鍋中倒入適量油燒熱，將核桃和杏仁入油鍋中慢慢翻炒，直到其散發出堅果香味後，將堅果撈出，鍋中留下底油。

❷ 倒入處理好的蝦仁，炒至七分熟（即蝦仁蜷縮變色）時盛出備用。（圖1）

❸ 鍋中再倒入適量油燒熱，下芹菜段翻炒，之後加入蝦仁再炒一下。

❹ 加入適量鹽調味，用冷水調太白粉，倒入熱鍋勾薄芡。（圖2）

❺ 倒入事先炒好的杏仁和核桃仁翻炒均勻。

❻ 裝盤即可享用。（圖3）

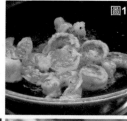

圖1

圖2

圖3

 凌尓尓說：

◆ 炒堅果的過程中要不斷翻炒，使堅果不至於因單面受熱過度而變焦。

暖心小知識
堅果十帥，
香脆可口，各領風騷

　　說起堅果食物，很多人都喜歡吃，它不僅品種繁多、形態豐富，連口味也都不盡相同。堅果是「十大最佳健康食物」之一，營養價值高，是預防心臟病的好食物；其豐富的單元不飽和脂肪酸和植物固醇，也有助於降低人體血液中的「壞膽固醇」，而且，有不少堅果，例如：核桃、杏仁、花生等含有鞣花酸，還能抑制癌細胞生長。由於堅果中含有幫助催化脂肪的微量元素，專家建議不論哪一種堅果，選擇調味少，盡量保持原味最好，每天補充適量的30克，這樣不僅可以幫助瘦身，還有增強免疫力、抗老美肌、改善視力、補腦等作用！堅果不只是能當零嘴，還能拿來做料理，更是另類美味。到底在我們生活裡或烹調時，常會吃到哪些種類的堅果呢？一起來認識這些營養可口的堅果食物吧！

花生

　　妳情緒不穩定嗎？孩子記憶力差嗎？趕快用花生入菜吧！花生富含的卵磷脂和維生素B6能穩定情緒、增強記憶力；植物固醇、白藜蘆醇，還能預防癌症、心血管疾病、改善肥胖症狀。

　　花生除了適合製成甜品，還可以水煮、油炒或油炸，尤以水煮最能保留營養價值；與肉類一起燉煮更佳，入口爛熟，容易消化；還可搭配豬腳燉煮食用，有助女性豐胸，並可促進產婦分泌乳汁；或可將乾花生碾成花生粉，撒在菜餚上，亦可增加風味和營養價值。建議烹調時，最好連同外層營養豐富的紅皮一起食用。

腰果

　　小小的腰果，不僅能夠解嘴饞，其含豐富的鐵，有益於細胞更新、利於皮膚光滑、頭髮生長、防治粉刺等等，用途非常廣泛。同時，腰果中的某些維生素和微量元素有很好的軟化血管作用，對保護血管、防治心血管疾病大有益處，若是經常適量的食用腰果可以提高機體抗病能力，增進食慾，但要特別注意的是，若吃過量則易導致發胖。另外，有的人對腰果特別是變質的腰果過敏，也要特別注意。

　　腰果不僅味道好，而且還特別香脆，除了當小零嘴之外，也能將營養豐富的堅果入菜，除了經常在宴席中吃到的冷盤料理外，最經典的就是腰果蝦仁、腰果雞丁了。

杏仁

　　杏仁豐富的蛋白質、纖維、鈣、核黃素、銅……能夠有效降低膽固醇和減少患心臟疾病的機率，同時還能幫助記憶、潤肺、促進皮膚微循環，使皮膚紅潤光澤。但吃杏仁要適量，過多傷身。食用前必須先在水中浸泡多次，並加熱煮沸，減少以至消除其中的有毒物質。另外，杏仁烹調的方法很多，可以用來做粥、餅、麵包等多種類型的食品，還能搭配其他佐料製成美味菜餚，例如和蝦、冬粉搭配，做出清爽可口的杏仁果蝦鬆，包著生菜一起吃，連小朋友都能愛不釋口。

核桃

　　你知道我們吃的核桃，吃的是果實？還是種子？其實，都不是，我們吃的是「子葉」喔，很特別吧！每回看到核桃仁那一塊塊不規則的皺褶外觀，就很容易與我們的「大腦」連想在一起，那到底吃核桃真的補腦嗎？核桃擁有非常豐富的 ω-3 脂肪酸（omega），是腦部所需的營養素，除了加強腦內的訊號傳遞，其豐富的維生素 E 也是對大腦有益處的，「以形補形」還真有幾分道理。除了當零食、做沙拉料理時，將核桃切碎拌入，不僅充滿新鮮口感，還能頭好壯壯哦。

夏威夷豆

其實我們口中一直說的「夏威夷豆」並不是產在夏威夷，而是原產於澳洲，所以又稱作「澳洲堅果」！相較於打滾了千年的芝麻、開心果……等這些堅果大老們，夏威夷豆可說是異軍突起，只有大概一百五十年的食用歷史。雖然還很年輕，但內含的蛋白質有17種胺基酸，其中10種是人體內不能合成的，可見夏威夷豆是一種富含熱能，不含膽固醇，又有多種人體生長所必需營養物質的營養性食品，不僅能有效預防骨質疏鬆症，對於風濕性關節炎、胃病都有很好的預防作用。夏威夷豆大都用在甜點烘焙上，例如：夏威夷豆塔、夏威夷豆巧克力餅乾……。

開心果

開心果有心臟的「保鏢」之稱，其富含的精氨酸，不僅可以緩解動脈硬化的發生，還能降低心臟病發作危險，緩解急性精神壓力反應等。但開心果因有很高的熱量，並且含有較多的脂肪，凡是怕胖的人、血脂高的人應少吃。而想要控制體重的人，可以每天吃40粒左右（30克）的開心果，這是因為吃飽的感覺通常需要20分鐘，吃開心果可以通過剝殼延長食用時間，讓人產生飽腹感和滿足感，從而幫助減少食量和控制體重。通常開心果都拿來當零食，但若和雞肉搭配做出創意菜「開心果炸雞」，更是令孩子十指大動的吮指美味呢。

葵瓜子

葵瓜子是向日葵的種子，最近成為零嘴休閒食品的新寵兒。到底葵瓜子有何健康魅力？葵瓜子有豐富的鉀元素，能保護心臟、預防高血壓，經常喝酒、愛吃甜食、喝咖啡的人，也能適時的幫助補充流失的鉀。另外，葵瓜子還有調節腦細胞代謝，幫助睡眠的功能，所以，若是平日有失眠困擾或是家裡有考生，因為考試緊張而導致失眠，可以在睡前喝一杯用香蕉、葵瓜子、牛奶等都含有豐富色氨酸

的食物和煮熟的麥片一起打成汁的飲料，即能讓人精神放鬆，產生鎮定、想睡的作用。但要特別提醒，葵瓜子一定要適量，否則容易加重肝臟負擔。

芝麻

　　芝麻是堅果界的大老，論到養生滋補品一定少不了它，小小一粒芝麻卻有大大功效，許多女生就愛吃黑芝麻做成的芝麻糊來養身顧髮。不論是黑芝麻或白芝麻，營養都非常高，平時可以多吃，因為芝麻裡含有芝麻素及豐富不飽和脂肪酸、膳食纖維、礦物質、鈣質及維生素等，能預防心血管疾病及癌症，亦能促進皮膚光澤，有助排便、維持骨骼密度……等功效。若要能將芝麻的營養成分完全吸收，建議將芝麻研磨成芝麻粉及芝麻醬來食用，人體的吸收效果才能更佳；平日可以將芝麻入飯做成黑芝麻香米飯，或是將芝麻與黑豆一同打成精力湯來飲用，對養生也很有幫助。

松子

　　松子是很多人的最愛，很香很甜，最重要的是營養非常豐富，而且物美價廉，作為零食最好不過了。不光是東方人愛松子，連義大利人也愛在麵包中加入松子增添美味，就連咖啡中都少不了松子的香氣。松子特別適合用腦過度的人食用，其中所含的不飽和脂肪酸具有增強腦細胞代謝，維護腦細胞功能和神經功能的作用；另外內含的谷氨酸、磷、錳也有很好的健腦作用，可增強記憶力，是腦力勞動者的健腦佳品，對老年痴呆也有很好的預防作用，怪不得常聽老人家說多吃松子能變聰明，也不無道理。松子以炒食、煮食為主，不論是糕點粥飯、飲品菜餚皆可，年老年少也皆可食用。

榛果

　　又稱為榛子，素有「堅果之王」美譽，因味道甘美，自古以來就被視為珍果，與杏仁、核桃、腰果並稱為「四大堅果」。根據美國農業部資料顯示，榛果也是食物纖維、B群維生素、蛋白質、鉀、鈣的良好來源，其富含豐富的單不飽和脂肪酸和多不飽和脂肪酸，對防治心血管疾病有很好的作用外，還能提高記憶力、判斷力、補氣、健脾、明目的功效，還能使人變得更加聰明唷。另外，因榛果有天然香氣，在口中會越嚼越香，若是下午時刻肚子餓，想吃零食又怕發胖的話，可以適量吃些榛果，既能解饞，又不怕發胖。但若是膽功能嚴重不良的人，則建議少食。

玉米糖醋番茄蛋

　　你吃膩了媽媽經常炒的番茄炒蛋了嗎？其實，只要多加點其他調味料，它就可以變身成另一道新菜喔！在這道菜裡，除了最基本的番茄和雞蛋，還多加了甜玉米，吃起來不止是軟香的口感，還有玉米粒的脆甜，嚼起來別有一番新風味。另外，特製的糖醋汁也給這道菜帶來了意外的驚喜，酸甜適口，大家可以試試。

番茄炒蛋新吃法！

材料：

玉米糖醋番茄蛋：
◆ 玉米粒120克　　◆ 雞蛋2個　　◆ 番茄175克　　◆ 綠花椰菜80克

糖醋醬汁：
◆ 糖12克　　◆ 白醋4克　　◆ 番茄醬20克

製作過程：

❶ 鍋中倒入適量油燒熱，將打散的雞蛋倒入鍋中炒熟後盛出。（圖1）

❷ 鍋中再倒入適量油，把番茄塊下鍋翻炒，可加適量水悶煮一下番茄。

❸ 加入玉米粒一起煮。（圖2）

❹ 番茄燉軟後倒入事先炒好的雞蛋翻炒均勻，再倒入準備好的糖醋汁入味。

❺ 加入適量鹽調味。

❻ 裝盤後擺上綠花椰菜裝飾，即可享用。（圖3）

準備：

1. 番茄洗淨去蒂，切成塊備用。
2. 玉米粒用開水煮熟後瀝乾備用。
3. 綠花椰菜切成小朵，用煮玉米的水燙一下，可加入少許油和鹽，燙煮後撈出瀝乾備用。

凌小小說：

◆ 雞蛋怎麼炒才嫩？秘訣就是一個雞蛋加一湯匙的水，水量大概在8毫升左右，這樣炒出來的雞蛋口感相當嫩，但如果加太多水的話，雞蛋就不容易成形囉！

◆ 在煮綠花椰菜的水裡加入鹽和油，主要是為了確保燙好的綠花椰菜可以直接食用，有味道且不會變色。

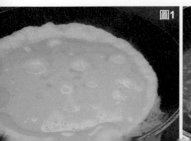
圖1

圖2

圖3

醬瓜肉丸

這是一道充滿兒時記憶的美食，讓人想起奶奶那雙佈滿皺紋的雙手為家人精心做著晚飯。剁肉末，切醬瓜，和一和，抓一抓，捏一捏，煮一份美味的醬瓜肉丸，下飯配粥都一級棒。現在換我接過鍋鏟，把這道美味奉獻給大家。

給小孩嚐嚐古早味！

材料：

◆ 醬瓜200克　　◆ 豬五花肉350克　　◆ 白糖15克　　◆ 雞蛋1個
◆ 老抽醬油適量　◆ 水適量　　　　　◆ 鹽適量　　　◆ 太白粉適量

準備：

1. 豬五花肉洗淨，切成小塊後剁成肉末備用。
2. 醬瓜切成細末備用。

**製作過程：**

1 將除了老抽醬油外的所有材料都放在大盆裡，用手抓勻。（圖1）

2 鍋中倒入適量油燒熱，加入15 克白糖，炒至糖融化成咖啡色焦糖，再迅速倒入適量老抽醬油和水煮沸。

3 再將肉末弄成丸子形，放入沸騰的醬汁中。

4 待肉丸子整顆差不多都凝固定形後，關中小火慢慢燉。（圖2）

5 裝盤即可享用。（圖3）

圖1

圖2

圖3

凌尒尒說：

◆ 炒糖色時最好開小火慢慢炒，以免火太大把糖炒過頭，不僅變黑，味道亦會變苦。

◆ 煮肉丸子時，醬油水可能會隨著加熱而變少，這時可視情況適量增加醬油和水。

◆ 醬瓜是由小黃瓜醃製而成的，爽脆可口，可單獨食用，亦可另外加食材烹調後食用。

咖哩培根蔥炒蛋

做菜的時候經常會不經意的蹦出新鮮想法。中餐西做，西餐中做，這一瞬間爆發的小宇宙，總是能給家常菜帶來不一樣的新奇風味。你是否跟我一樣，在料理中喜歡冒這樣的小風險、做個小試驗呢？我愛大蔥，因為它比香蔥來得更辣、更猛烈、更具香氣，不止是當配菜，直接當主菜亦可。大蔥用來炒肉最佳，像我一樣做個蔥花蛋的升級版吃法也未嘗不可喔！

把蔥花蛋再升級！

 材料：

◆ 大蔥30克　　◆ 雞蛋2個　　◆ 培根75克
◆ 咖哩粉5克　　◆ 椰漿適量　　◆ 糖適量

準備：

1. 大蔥切成蔥花，跟雞蛋一起打散。加入兩大湯匙的水，鹽適量，再將其攪拌均勻。
2. 培根切成小塊。

製作過程：

❶ 鍋內倒入適量油燒熱，將培根放入鍋中炒香後盛出備用。

❷ 把打好的蔥蛋液倒入鍋中，煎炒至雙面金黃。（圖1）

❸ 加入咖哩粉以及炒好的培根，把所有原料炒勻。

❹ 加入適量椰漿煮沸。（圖2）

❺ 加入適量鹽和糖調味。

❻ 將所有原料炒勻即可裝盤。（圖3）

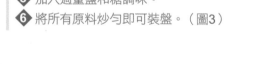

凌介介說：

◆ 這道簡單快手的中菜西做，加入了椰漿，若家中沒有椰漿，也可以省略此步驟，單是簡單的咖哩味道也很美味。

圖1

圖2

圖3

雪菜蝦皮炒肉末

　　雪菜又叫雪裡紅，它經常被用於炒肉末，但我還是想做得不一樣。加入一些蝦皮提提鮮味，才不致有醃菜那種過份的鹹；再加點兒辣椒，這道雪菜蝦皮炒肉末就是一道美味的下飯菜，若是加入乾拌麵或是湯麵中，也非常美味。

加點海味來提鮮！

材料：

◆ 豬絞肉230克　◆ 雪菜500克　◆ 蝦皮25克　◆ 糖10克
◆ 生抽醬油20克　◆ 紅辣椒5根　◆ 蒜頭15克　◆ 鹽適量

準備：

1. 蒜頭切成蒜末備用。
2. 紅辣椒切碎。
3. 雪菜洗淨切細末備用。
4. 蝦皮洗淨瀝乾備用。

製作過程：

❶ 鍋中倒入適量油燒熱，倒入蒜末和辣椒末炒香。
❷ 倒入豬絞肉翻炒至熟。（圖1）
❸ 倒入雪菜末，跟肉末一起翻炒。
❹ 加入蝦皮。（圖2）
❺ 加入糖、生抽醬油將食材翻炒
　入味。（圖3）
❻ 最後加入鹽調味即可。

圖1

圖2

圖3

凌小小說：

◆ 雪菜要切成細末，和蝦皮、絞肉慢慢炒到入味才好。
◆ 加糖是為了提鮮去鹹，但要不要加糖完全取決於個人口味，請自行斟酌。

蘿蔔乾紅燒肉

　　蘿蔔乾，顧名思義就是曬乾的蘿蔔。眾所周知，蘿蔔是清熱降火、清甜解膩的食物。因此，蘿蔔乾與大塊的紅燒肉搭配，可以使紅燒肉不僅帶有天然的清甜，還不肥膩，是我家一直以來的私房紅燒肉做法。

讓紅燒肉清甜不膩的特別做法！

材料：

- ◆ 豬腿肉400克
- ◆ 蘿蔔乾100克
- ◆ 月桂葉2片
- ◆ 肉桂3克
- ◆ 八角8顆
- ◆ 老抽醬油、糖、鹽各適量

準備：

1. 豬腿肉洗淨，剁成大小一致的寬肉塊，過熱水去掉豬肉塊上的血水後備用。
2. 蘿蔔乾洗淨切小段。
3. 肉桂、月桂葉、八角洗淨備用。

製作過程：

❶ 熱鍋中倒入油，加入砂糖，開中火融化砂糖，直到其呈咖啡焦色。

❷ 倒入豬腿肉塊翻炒，使其上色均勻。

❸ 加入蘿蔔乾一同翻炒均勻。（圖1）

❹ 加入月桂葉、肉桂、八角一同翻炒，再加入熱水來燉肉。

❺ 倒入適量老抽醬油使其上色。（圖2）

❻ 將紅燒肉移至砂鍋中，用大火煮開後轉小火，蓋上蓋子悶到肉熟。（圖3）

❼ 最後加些鹽調味。

凌小小說：

◆ 炒糖色的過程中要注意控制油溫，不可使用大火，一般用中小火即可。糖燒至融化後，用湯匙把糖和油攪拌幾下使其融合均勻。

◆ 豬肉在進入悶熟過程時，可使用燉鍋、高壓鍋或砂鍋來煮。這邊建議使用砂鍋，因為砂鍋不僅能使燉出來的紅燒肉更香，還可利用砂鍋的保溫性和傳熱性節省燃料費。

◆ 悶熟過程中，先開大火把紅燒肉中的醬油燒開，然後轉小火開始悶肉，此時不要把蓋子完全蓋緊，要微開一條縫，這樣可以避免沸騰時鍋內的醬油濺出鍋外。

圖1

圖2

圖3

肉末香菇燴豆腐

　　肉末香菇豆腐，我家的私房菜，是我從爸爸手裡學來的。記得小時候只要家裡煮了這道菜，我就能多吃下好多碗飯。這道私房菜，使用的是相當嫩的嫩豆腐，製作過程中將豆腐壓得越碎越好，所以做起來基本上不用什麼基本功，完完全全零難度。菜名裡有個「燴」字，所以最後需要用太白粉勾芡來收汁，這樣做出來的豆腐料稠味美，是下飯極品。

異常美味的下飯菜！

材料：

◆ 嫩豆腐1盒　　◆ 香菇85克　　◆ 豬肉200克　　◆ 雞蛋1個
◆ 香蔥25克　　◆ 泰式甜辣醬2大勺　◆ 番茄醬1大勺　◆ 醬油膏1大勺
◆ 白胡椒粉適量　◆ 鹽、雞精粉各適量　◆ 香油適量　　◆ 太白粉適量

準備：

1. 香菇洗淨，去蒂切片，先用滾水燙熟，再撈出瀝乾備用。

2. 豬肉剁成肉末，加入鹽、雞精粉、白胡椒粉各1小匙拌勻調味。

3. 香蔥切碎。

製作過程：

❶ 鍋中倒入適量油燒熱，放入豬肉末炒勻。

❷ 嫩豆腐整塊下鍋，用鏟子壓碎，翻炒幾下，並與肉末一同炒勻。

❸ 加入瀝好水的香菇片炒勻。（圖1）

❹ 加入打散的雞蛋，並把所有原料翻煮均勻。（圖2）

❺ 加入泰式甜辣醬2大匙、番茄醬1大匙、醬油膏1大匙攪拌均勻。

❻ 太白粉以冷水勾薄芡，並加入適量的鹽、雞精粉、白胡椒粉。

❼ 撒蔥花，加入適量芝麻香油拌勻即可裝盤。（圖3）

圖1

圖2

圖3

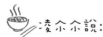凌个个說：

◆ 由於原料中的嫩豆腐相當嫩，且會滲出一些水，因此烹煮過程中不用再額外加水。

黃金肉醬

　　為家人準備一份營養和美味兼備的肉醬，一直以來都是我愛做的事。肉、菜、調味料的組合，豐富又美味，有這樣的肉醬，配飯、拌麵或配粥均可。以紅蘿蔔為主要材料的黃金肉醬，取其成品的色澤為名。紅蘿蔔營養價值豐富，包含胡蘿蔔素和多種維生素與微量元素，因此還有「平民人參」的美稱。另外紅蘿蔔質細味甜，脆嫩多汁，用它製作出來的肉醬帶有天然的植物甘甜，淋在麵條上拌食，可以感受到無盡的細膩柔滑，營養盡在每一湯匙的醬料中，尤其適合小朋友食用。

適合小朋友食用的營養肉醬！

 材料：

- ◆ 豬絞肉400克
- ◆ 紅蘿蔔250克
- ◆ 洋蔥110克
- ◆ 沙茶醬70克
- ◆ 醬油適量
- ◆ 鹽適量

準備：

1. 紅蘿蔔洗淨去皮，用刨絲刀刨出細紅蘿蔔絲備用。
2. 洋蔥洗淨去外皮，切成洋蔥末備用。

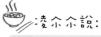 **製作過程：**

❶ 鍋中倒油，爆香洋蔥末，並把洋蔥末炒至金黃色並散發香味為止。（圖1）

❷ 倒入豬絞肉翻炒至顏色轉白，並倒入紅蘿蔔絲翻炒。

❸ 加入沙茶醬翻炒，加適量水，把所有原料炒勻。（圖2）

❹ 開中小火，將肉醬燉約10分鐘。

❺ 加入適量醬油、鹽等調味，並加入少量太白粉勾薄芡收汁。

❻ 裝盤即可享用。（圖3）

圖1

圖2

圖3

凌余余說：

◆ 製作黃金肉醬的關鍵就是紅蘿蔔絲。紅蘿蔔絲弄得越細越好，因為不夠細的紅蘿蔔絲和肉醬不能完全融合，會讓肉醬不夠細滑美味。

茄汁黃豆燴魚柳

到海鮮市場採買的時候,剛好看到漁民送來一條很大的龍紋鯊,魚販把鯊魚分割後按部位售賣,看起來很新鮮。所以當天,我便買了一大塊魚肉,加入番茄和黃豆一起做了這道茄汁黃豆燴魚柳;這道菜的黃豆綿密,魚肉鮮香,酸甜可口,是很棒的下飯菜喔!

酸甜可口最下飯！

 材料：

茄汁黃豆燴魚柳：
◆ 魚肉220克　　◆ 黃豆200克　　◆ 番茄2個
◆ 番茄醬40克　　◆ 鹽適量　　◆ 糖適量

魚柳調味料：
◆ 太白粉5克　　◆ 蒜頭2瓣　　◆ 薑3克　　◆ 鹽1克
◆ 糖3克　　◆ 白胡椒粉1克　　◆ 米酒3克

 **準備：**

1. 提前12小時浸泡黃豆，泡開後洗淨，用電鍋煮熟備用。
2. 魚肉切成長條狀，用魚柳調味料抓勻， 醃製半小時去腥味。
3. 番茄洗淨，用開水燙去外皮，切成丁備用。

製作過程：

❶ 鍋中倒入適量油燒熱，將魚柳煎至表面呈金黃色後盛出備用。
❷ 利用鍋中剩餘的油翻炒番茄丁，並加入煮好的黃豆翻炒，可以加些水，把二者悶熟。（圖1）
❸ 加入番茄醬調味。
❹ 加入魚柳一起煮，將所有材料拌勻。
❺ 加入適量的鹽和糖調味。（圖2）
❻ 裝盤即可享用。（圖3）

麥尒尒說：

◆ 因為魚肉會有些許腥味，所以製作時要先醃製，再略煎一番，這樣製作出來的魚柳才不會鬆散。

圖1

圖2

圖3

京蔥香燉雞

　　以前總聽我家的老人家說：「雞鴨魚肉上齊了，這桌菜才叫圓滿，才叫宴席。要是在平日裡，誰會吃得如此豐盛？」這話顯然已不適用於現代，現代人的生活已經餐餐不缺雞鴨，所以要頭疼的，變成是要如何用不同的方式烹飪這些食材。這次的京蔥香燉雞，加入了大量的有香味蔬菜，大蔥是主角，還有半個洋蔥、蒜頭、紅蔥頭各5瓣，再來一塊老薑，丟進鍋裡燉啊燉，就燉出這麼一鍋香氣誘人的大蔥香燉雞了。

每餐吃也吃不膩的美味！

材料：

- ◆ 雞一隻（800克左右）
- ◆ 大蔥100克
- ◆ 洋蔥90克
- ◆ 蒜頭5瓣
- ◆ 紅蔥頭5瓣
- ◆ 青紅辣椒各2根
- ◆ 薑1大塊
- ◆ 冰糖15克
- ◆ 老抽醬油6克
- ◆ 蠔油12克
- ◆ 米酒6克
- ◆ 鹽、水各適量

🕐 準備：

1. 雞切小塊，過熱水去血水備用。
2. 大蔥洗淨，蔥白部分斜切成厚片備用。
3. 洋蔥洗淨去外皮，切中等大小備用。
4. 青紅辣椒分別洗淨，對半切開去籽，切成小塊備用。
5. 紅蔥頭、蒜頭、薑分別去皮備用。

圖1

🥄 製作過程：

❶ 鍋中倒入油燒熱，把處理好的大蔥片、洋蔥塊、紅蔥頭、蒜頭、薑塊一同放入鍋中爆香。（圖1）

❷ 倒入燙過的雞肉塊，翻炒出香味。

❸ 淋入老抽醬油翻炒。

❹ 加入蠔油、米酒、冰糖一同翻炒雞塊，加入適量水，煮沸後轉小火悶約15分鐘（時間可根據雞肉塊的大小來調整）。

❺ 待雞肉熟後，倒入青紅辣椒炒勻，最後加入適量鹽調味即可。（圖2）

❻ 裝盤即可享用。（圖3）

圖2

凌尔尔說：

◆ 製作這道菜，我用的是鑄鐵鍋，也可以用深鍋、砂鍋或燉鍋等來製作。

圖3

奶香絞肉焗花椰菜

　　外來的飲食文化漸漸影響了我們的味覺，不管是辛香的泰國咖哩、快節奏的美式漢堡、德國的啤酒香腸、奔放的巴西烤肉、正統的法國大餐……在不同食物的薰陶下，我們的胃不僅變得更加包容，舌頭對飲食的接受度也在日漸變化，這在一定程度上影響了我們的生活。所以，從小到大吃慣了家常傳統菜的我，現在已經可以憑著曾經嚐過的西式味道來為中菜做變化了。例如這道奶香絞肉焗花椰菜，是用中式的花椰菜炒肉加入奶油、牛奶，最後再蓋上起司片烤一下，將中式香菜換成西式香草，一定也別有一番風味。

加入奶油創造出新風味！

材料：

奶香絞肉焗花椰菜：
- 花椰菜300克
- 牛奶150克
- 鮮奶油50克
- 豬絞肉200克
- 起司片1片
- 香草適量
- 鹽適量
- 太白粉適量

豬肉醃料：
- 鹽1克
- 黑胡椒粉1克
- 糖5克

準備：

豬絞肉中加入豬肉醃料調味，醃製一個晚上備用。

製作過程：

1. 鍋中倒入適量油燒熱，加入絞肉翻炒至變色後盛出備用。
2. 鍋中再倒入適量油，下花椰菜翻炒，中途加入適量水，使其悶煮一下至熟透。
3. 倒入絞肉一同翻炒，並加入鮮奶油和牛奶一起煮。（圖1）
4. 加入適量鹽調味，並加入少許太白粉勾薄芡收汁。
5. 將花椰菜裝入耐高溫的碗中，表面蓋上起司片。（圖2）
6. 預熱烤箱至200度C，將碗放入烤箱中，烤至起司片融化即可立即取出。
7. 表面撒上適量香草裝飾後即可享用。（圖3）

凌小小說：

- 鮮奶油和牛奶的量並無固定比例，可按自己的喜好添加。若喜歡奶味濃郁的，就多加些鮮奶油，若喜歡奶味清爽的，就加牛奶。
- 可用早餐夾麵包的起司片，亦可用焗烤專用乳酪絲。

圖1

圖2

圖3

鮮爆雙魷

　　魷魚具有高蛋白、低脂肪、低熱量的特點，對怕胖的人來說是一種很好的食物。鮮爆雙魷，是新鮮魷魚和魷魚乾的混搭，味道鮮美，營養豐富，加上彩色的蔬菜搭配，在視覺上就緊抓你的目光，非常適合做家宴菜餚。

魷魚乾與新鮮魷魚的相遇！

 材料：

- ◆ 鮮魷魚250克
- ◆ 魷魚乾100克
- ◆ 紅蘿蔔80克
- ◆ 蘆筍50克
- ◆ 玉米筍85克
- ◆ 薑5克
- ◆ 蒜頭3瓣
- ◆ 蠔油12克
- ◆ 鹽適量
- ◆ 糖適量

⏱ 準備：

1. 鮮魷魚洗淨，去掉外皮薄膜後切塊。
2. 魷魚乾泡發並處理乾淨。
3. 紅蘿蔔洗淨，去皮切小塊。
4. 蘆筍洗淨切段。
5. 玉米筍洗淨切小塊。
6. 薑切絲，蒜頭切末。

🥄 製作過程：

1. 先將魷魚乾加水煮，煮大約10分鐘後撈出並將水瀝乾。
2. 燙熟鮮魷魚，魷魚捲起即可撈出。（圖1）
3. 鍋中倒入適量油燒熟，下薑絲和蒜末爆香。
4. 倒入紅蘿蔔跟玉米筍翻炒，可以略加些水使其煮熟，鍋中的水蒸發完就剩下油。（圖2）
5. 倒入切好的蘆筍，之後放入鮮魷魚跟魷魚乾翻炒。（圖3）
6. 加入蠔油，並倒入適量鹽、糖調味。
7. 裝盤即可享用。

凌爺爺說：

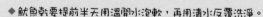

- ◆ 魷魚乾要提前半天用溫開水泡軟，再用清水反覆洗淨。
- ◆ 魷魚內部有軟骨，很硬，是不能食用的，一定要拿掉。此外，眼珠部位摘除。
- ◆ 魷魚乾外皮的薄膜很容易剝，不用太擔心。
- ◆ 前三個程序處理好後，再把魷魚乾沖洗幾遍，最後切絲或切塊就可以了。炒之前最好用水再燙一下，瀝乾水的魷魚乾再翻炒一下就能食用了。

圖1

圖2

圖3

紅蘿蔔腐乳肉

　　紅蘿蔔是一種很好的食物，含有大量胡蘿蔔素，有補肝明目的作用。胡蘿蔔素在體內會轉變成維生素A，有助於增強人體的免疫功能，並且能有效預防細胞的病變。紅蘿蔔該怎樣料理，才能最大程度地吃到它的營養呢？由於紅蘿蔔中的維生素A是一種脂溶性維生素，因此，用油炒紅蘿蔔，比單純榨汁或者當沙拉吃更好！在翻炒的過程中，油脂能讓紅蘿蔔中的維生素A更容易溶解出來，更利於人體的吸收。

紅蘿蔔這樣吃最營養！

材料：

- ◆ 豆腐乳1塊
- ◆ 紅蘿蔔150克
- ◆ 豬肉200克
- ◆ 豆豉適量
- ◆ 白糖10克
- ◆ 鹽適量

準備：

1. 豬肉洗淨切成薄片，加入豆腐乳和10克糖抓勻後醃2小時。
2. 將紅蘿蔔洗淨後去皮切片。

製作過程：

❶ 鍋中倒入適量油燒熱，倒入醃好的肉片拌炒至八分熟後，盛出備用。（圖1）

❷ 再往鍋中倒入適量油，加入紅蘿蔔片翻炒。

❸ 略炒片刻後加入適量水，悶煮約10分鐘，至紅蘿蔔片變軟即可。

❹ 紅蘿蔔變軟後，倒入炒好的肉片翻炒。

❺ 加入適量鹽和豆豉炒出香味。（圖2）

❻ 裝盤即可享用。（圖3）

 凌介介說：

◆ 翻炒前，整塊豆腐乳要先放入碗中碾壓成糊狀，才可用來醃肉，否則太大塊的豆腐乳入鍋後會無法炒均勻。

沙茶雪白菇燴雞丁

　　菇類菜式受到許多人的喜愛，它們多見於素食餐廳，不管煎、炒、煮、炸、燉都十分美味。而居家烹製時，多只以蒜末、蔥末佐味或做成羹湯，所以大部分人們喜歡的無非就是菇的原味。在我看來，原味固然好吃，但若不加點創意食材和調味，總是不能體會出其他新鮮滋味；身為菇類控和沙茶控，何不把二者合一來個新鮮組合呢？這道沙茶雪白菇燴雞丁，就是用沙茶醬作為雪白菇和雞丁的調味料，整道菜餚味道微辣、醇香、濃厚。沙茶湯汁淋在飯上也是無敵，絕對是米飯殺手。

菇類和沙茶的微辣交響曲！

 材料：

沙茶雪白菇燴雞丁：
- ◆ 雞腿4個（約330克）
- ◆ 雪白菇約150克
- ◆ 沙茶醬50克
- ◆ 鹽適量
- ◆ 太白粉適量

雞肉醃料：
- ◆ 白糖8克
- ◆ 黑胡椒粉2克
- ◆ 麻油5克

準備：

1. 雞腿洗淨，去皮去骨，把肉切成丁備用。
2. 雞肉丁加入雞肉醃料抓勻備用。
3. 雪白菇切去根部，掰開洗淨備用。
4. 沙茶醬若太稠，可加適量水調勻成糊狀備用。

圖1

製作過程：

❶ 鍋內倒入少許油燒至熱，倒入雞丁，翻炒至變白便可立即盛出備用。（圖1）

❷ 再倒入少許油，把雪白菇倒入翻炒至軟。

❸ 雞丁重新下鍋，加入沙茶醬炒勻。（圖2）

❹ 加適量水，把鍋中所有食材翻炒入味。

❺ 加入適量鹽調味，最後倒入太白粉勾薄芡收汁。（圖3）

圖2

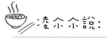 **凌尒尒說：**

◆ 雪白菇帶有菇類天然的清甜，所以這道菜只需放鹽，其餘調味都不需要喔！

圖3

五香青花魚

　　青花魚是沿岸常見的魚種，早期海口人食用的方法是用鹽搓遍其全身，醃一個晚上，隔日以少油煎熟，不管配粥、下酒都很棒。亦可不醃，等微煎其表面後，再加入醬油同煮。本篇的五香青花魚，是在鹽煎的基礎上多調了味，加入五香粉一起醃，味道也很美妙。

比純粹的鹽煎更美味！

 材料：

◆ 青花魚6條　　◆ 五香粉10克　　◆ 鹽15克

圖1

⏰準備：

1. 青花魚去鱗洗淨，根據喜好，魚背上可開斜刀；亦可不開。
2. 用五香粉和鹽搓遍魚身，並將魚裹上保鮮膜，放冰箱醃製一夜。

 製作過程：

❶ 將已醃製一夜的魚取出，用水沖淨魚身上殘留的調味料，再擦乾魚身的水分。（圖1）

❷ 鍋中放少許油，把魚排入鍋中煎至兩面金黃、魚熟了為止。（圖2）

❸ 裝盤即可享用。（圖3）

圖2

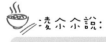 **麥小小說：**

◆ 煎魚前最好把魚身上的鹽和五香粉洗淨，否則連同這些一起下鍋，不僅會使整鍋油變混濁，魚也容易煎焦。

◆ 煎魚時，一定要擦乾洗好的魚身，否則煎製時極容易讓熱油濺出，燙傷皮膚。

圖3

Part4

好友閨蜜的契伴

小菜＋小酌，
就是人生一大樂事！

Besties' company

　　死黨聚會、閨蜜談天，行為可以無拘無束，話題可以天南地北，好友聚會總是最讓人輕鬆不過了，怎能沒有美酒佳餚助興？進廚房露一手，讓朋友嚇得合不攏嘴，好吃到會碗底朝天的料理你也可以輕鬆上桌！

　　既然可以無話不說，那麼也試試食材無所不用吧！原本毫不相關的食材，創意地搭配在一起，會碰撞出什麼樣的火花呢？創意菜的王道就在於：「材料有新意，賣相很搶眼，味道新升級。」聚會小菜量不在多，味道才是關鍵，用簡單的食材做出充滿亮點的菜餚，快來學幾招吧！

炒空心菜梗

　　小時候我不愛吃青菜，唯一愛吃的只有空心菜。奶奶炒空心菜，我總會挑出嫩嫩的葉子來吃，這可能是兒時對蔬菜的少有記憶吧？我有一位非常要好的姐姐，某天去她家吃晚餐，那一盤只有空心菜梗的炒菜嚇了我一跳，葉子去了哪裡呢？原來，現在市場中有菜販將菜葉、菜梗分開販賣，此舉真是有心，但其實這種菜販還是算極少，還要看緣分才遇得到。那晚的辣椒炒空心菜梗真是驚豔到我了；不僅脆爽無比，還香辣開胃，那樣的口感和風味，比起單吃葉子真是有過之而無不及。

簡單的2分鐘快手菜！

材料：

◆ 空心菜梗130克　　◆ 豆豉辣椒醬20克　　◆ 蒜頭2瓣　　◆ 鹽適量

準備：

1. 空心菜摘除葉子只留菜梗，洗淨後切成小段備用。
2. 蒜頭切成蒜末備用

圖1

製作過程：

❶ 鍋中倒入適量油燒熱，將蒜末爆香，加入豆豉辣椒醬一同炒香。（圖1）
❷ 倒入空心菜梗翻炒片刻。（圖2）
❸ 加入適量鹽調味即可。（圖3）

圖2

凌小小說：

圖3

◆ 本篇教大家將空心菜梗做成香辣味，相信不少人心中暗自嘀咕菜葉怎麼辦？千萬別丟掉，空心菜葉可以做蒜蓉清炒，一樣非常美味，如此一來，一種菜就能同時吃到兩種口味，清淡與香辣的完美搭配。空心菜也可以拿來與小魚乾一起煮湯，或是做成蝦醬炒空心菜都十分美味。且空心菜含有豐富的膳食纖維，可以幫助促進腸胃蠕動，若有便秘問題，不妨試試空心菜，相信會有不錯的助益。

花生米炒五丁

　　人們聊天小酌，桌上總少不了一碟香香的下酒菜。一邊夾著小菜細細咀嚼，一邊舉杯慢慢飲酒，打發愜意的聚會時光。而花生米炒五丁就是一道適合舉杯小酌的下酒菜。在這道菜裡，花生米是美味的關鍵，花生米的香酥口感，會給整道菜帶來不一樣的感覺。

最適合舉杯小酌的小點心！

材料：

◆ 香腸1根　　　　◆ 貢丸5顆　　　　◆ 小黃瓜100克　　◆ 竹筍100克
◆ 茄子230克　　　◆ 辣椒醬少許　　　◆ 鹽適量　　　　　◆ 雞精粉適量

準備：

1. 竹筍、小黃瓜、香腸、貢丸均切成丁。
2. 茄子在炒之前要先過油，可以用油炸，也可以只煎表面，以免氧化變色。

製作過程：

❶ 茄子過油，煎好切口以免氧化變色後，盛出備用。
❷ 用鍋中底油炒香花生，至表皮略變色即可撈出備用。
❸ 先放入筍丁翻炒，再加入香腸丁和貢丸丁一起翻炒1分鐘。
❹ 加入小黃瓜丁翻炒幾下，把所有原料炒勻。（圖1）
❺ 加入事先過好油的茄子丁翻炒，最後加入適量鹽、雞精粉即可。（圖2）
❻ 如果喜歡香辣的口味，可以加入兩勺辣椒油拌勻，然後裝盤盛出。（圖3）

圖1

麥爾爾說：

這道菜在製作的時候可以做成原味和辣味兩種，若要做辣味的，只需要在起鍋前加入兩匙辣椒醬拌勻就可以了。

圖2

圖3

蔥香辣雞絲

　　以簡單的原料烹調出美味，才是家常菜的根本。我有段時間常在朋友家吃飯，至今仍很懷念那每天都會變換的湯：蓮藕排骨、蓮子豬肚、鹹菜老鴨等等，除了湯品，菜當然也很美味。雖然是家常菜，沒有過多繁複的搭配，只簡單佐以鹽、雞精粉、辣椒等普通佐料就很好吃。其實，只要技巧得當、搭配合理，即便是簡單的原料，也能炒出一道美味來。本篇蔥香辣雞絲，雖然只有大蔥、雞絲和香辣醬這三種原料，但炒出來也是一大份香辣的美味，用來下酒、配飯都再合適不過啦！

簡單原料調製的複雜美味！

材料：

蔥香辣雞絲：
◆ 雞腿3個　　◆ 大蔥45克　　◆ 香辣醬25克

雞肉醃料：
◆ 白糖5克　　◆ 鹽3克　　◆ 黑胡椒粉2克　　◆ 麻油6克　　◆ 太白粉4克

準備：

1. 雞腿洗淨，去皮去骨，把雞肉切絲備用。
2. 雞絲加入雞肉醃料拌勻備用。
3. 大蔥洗淨切斜刀成蔥片備用。

製作過程：

❶ 鍋中倒入適量油燒熱，倒入雞絲翻炒至熟後盛出備用。
❷ 鍋中再倒入適量油燒熱，將大蔥爆香，倒入雞絲一同翻炒均勻。（圖1）
❸ 加入香辣醬將食材拌勻。（圖2）
❹ 加適量鹽調味。
❺ 裝盤即可享用。（圖3）

凌小小說：

◆ 香辣醬選自己喜歡的牌子就行了，沒有特別要求。

圖1

圖2

圖3

椒鹽鳥蛋炒麵腸

　　這也是一道適合下酒的小菜。麵腸煎炒過，吃起來口感略焦，玉米和鳥蛋一起過油，所有原料上都附帶著香噴噴的椒鹽和孜然，吃起來就像燒烤小菜一般，下酒正合適。

吃出麵腸燒烤般的美味！

材料：

◆ 麵腸250克　　◆ 玉米180克　　◆ 鳥蛋12個　　◆ 胡椒鹽3克
◆ 孜然1克　　　◆ 生抽醬油10克　◆ 韭菜、鹽各適量

準備：

1. 鳥蛋洗淨，加水煮熟，過涼水後，剝去蛋殼備用。
2. 麵腸用刀切成小塊。
3. 玉米洗淨，剝出玉米粒，用水煮熟備用。
4. 韭菜洗淨切小段備用。

製作過程：

❶ 鍋中倒油燒熱，下麵腸炒至金黃色。
❷ 倒入玉米粒一同翻炒片刻。（圖1）
❸ 倒入鳥蛋炒勻。
❹ 加入韭菜翻炒，並加入生抽醬油調味。（圖2）。
❺ 加入椒鹽、孜然與適量鹽調味。（圖3）
❻ 裝盤即可享用。

圖1

圖2

麥小小說：

◆ 有些人不太會剝玉米粒，總覺得是一件很難的事。其實，剝玉米粒很簡單，只要掌握了技巧，5分鐘就能剝好一根玉米。讓我們一步一步來看。
1. 剝掉玉米葉，將玉米鬚拔乾淨，並把玉米洗乾淨。
2. 一整支玉米橫向對半掰開，把斷面處平放在砧板上，再用刀子切下玉米粒就可以了。

圖3

香酥孜然煎魚卵

魚卵裡有一粒一粒小小的顆粒，在還未煮熟前，有些人看著都覺得害怕，也會怕它的腥味。其實不然，只要你試著吃過，就會發現魚卵真是美味無比。本篇教大家的香酥孜然煎魚卵，將讓你體驗一道無法抵擋的營養豐富下酒菜！

無法抵擋的超誘人海味！

材料：

◆ 魚卵220克　　◆ 雞蛋1個　　◆ 蛋黃1個　　◆ 鹽3克　　　◆ 白胡椒粉1克
◆ 麵粉適量　　　◆ 薑2片　　　◆ 麵包粉適量　◆ 孜然粉適量

準備：

1. 燒一鍋熱水，加入兩小塊薑煮沸，加入魚卵，煮到魚卵變硬即可。
2. 將1個雞蛋和另外準備的1個蛋黃打散並攪拌均勻。
3. 熟魚卵切成斜刀塊備用。

製作過程：

❶ 將切好的魚卵沾上蛋液，裹上麵粉，再沾蛋液，最後裹一層麵包粉。（圖1）

❷ 鍋中多倒入一些油，將裹好粉的魚卵入油鍋炸至金黃色即可出鍋。（圖2）

❸ 將孜然撒在魚卵上拌勻即可盛盤享用。（圖3）

**麥小小說：**

◆ 煎魚卵前，切記要先把魚卵過熱水煮一下，煮到魚卵表面發硬，並確定裡面的魚卵都凝固好了，才能把魚卵切開，再裹蛋、粉油煎；否則在切魚卵的時候，魚卵就會一顆顆散開喔！

◆ 魚卵是人類大腦和骨髓的良好營養劑、滋長劑。不過，由於其膽固醇含量較高，因此老人家最好少食用。

鳳梨燒雞翅

以水果入菜，在現代烹飪製作中已然成了一種時尚。這種做法，不僅能增加菜餚的風味，還能消除肉菜的油膩感，可謂一舉兩得。本篇鳳梨燒雞翅，用鳳梨和雞翅做搭配，做出帶著微酸口味的油亮香雞翅，不僅顏色搭配鮮豔，鳳梨的清新口味還能給雞翅帶來一番全新感受。

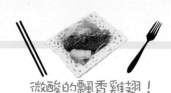

微酸的飄香雞翅！

材料：

◆ 鳳梨170克　　◆ 香菜適量　　　　　　　　◆ 叉燒醬25克
◆ 鹽3克　　　　◆ 雞翅380克（約10支）　　◆ 糖10克

圖1

準備：

1. 雞翅洗淨，在背部劃開兩道斜口，以便烹煮時較容易入味。
2. 鳳梨去皮去芯，切成小塊，浸泡在淡鹽水中備用。
3. 香菜洗淨，將菜梗和葉子分開備用。

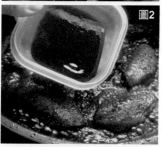

圖2

製作過程：

❶ 雞翅過熱水，去掉血水後撈出瀝乾。

❷ 鍋中倒入適量油，下10克糖煮成焦糖色，倒入雞翅翻炒至上色。（圖1）

❸ 倒入適量水，燜燒雞翅10分鐘至熟。

❹ 加入叉燒醬，跟雞翅一起翻炒均勻。（圖2）

❺ 加入鳳梨塊翻炒均勻，雞翅和鳳梨塊再一起煮一下。

❻ 加入適量鹽調味即可。（圖3）

圖3

凌小小說：

◆ 炒好焦糖放入雞翅的過程中，油會濺出，操作時請注意，以免燙傷。

◆ 雞翅下鍋後要快速翻炒，否則容易炒焦。

香蒜四季豆

你是不是已經吃膩清炒的四季豆了呢？那就來一道香蒜四季豆吧！快炒這種菜式的製作手法，剛看到時可別被嚇到。雖然會加入較多的油，但是到最後，四季豆並不會吸入太多油份。這道菜裡還加入了小蝦米，加上金黃焦香的蒜末，連同炒得軟軟的四季豆一起混合，三種食物搭配在一起，就是一道香氣撲鼻的美味，你一定要試一試。

加了蝦米味道更香！

 材料：

◆ 四季豆200克　　◆ 蒜頭8瓣　　◆ 小蝦米40克
◆ 紅辣椒1根　　　◆ 鹽適量

🕐 **準備：**

1. 蒜頭去皮切成蒜末。
2. 四季豆掐頭尾並去絲，切成小段。
3. 小蝦米過水洗淨。
4. 紅辣椒從中切開洗淨，去掉裡面的籽並切成丁。

🥄 **製作過程：**

圖1

❶ 鍋中多放一些油，把切好的四季豆和蒜末一同下鍋，慢火乾炒。（圖1）

❷ 炒到四季豆表皮變皺變軟，蒜末變成金黃色並散發出香味；整個過程不要加水。

❸ 把四季豆和蒜末撈出瀝乾油，並倒出鍋中多餘的油。

圖2

❹ 將鍋中剩餘的油燒熱，爆香小蝦米和紅辣椒，再倒回四季豆一同炒勻。（圖2）

❺ 加入適量鹽調味。

❻ 盛盤即可享用。（圖3）

圖3

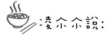 凌尒尒說：

◆ 四季豆的兩邊有絲，若絲沒有去掉，會影響四季豆的口感。用手指先掐掉四季豆的頭部跟尾部，順著其邊緣輕輕把絲拉下來即可。

苦瓜豆豉雞

　　翠綠的苦瓜是夏季消暑不可缺少的美食。僅管苦瓜具有特殊的苦味，但仍然受到很多人喜愛，這不單只是因為它的口味特殊，還因為它具有一般蔬菜無法比擬的神奇作用。苦瓜雖苦，卻從不會把苦味傳給其他的配菜，像是用苦瓜燒雞翅，雞翅絕不會沾上苦味，因此苦瓜又有「君子菜」的雅稱。本篇教給大家的苦瓜豆豉雞，用苦瓜搭配雞翅烹煮，葷素相宜亦不失為一道好菜。

苦瓜其實也很好吃喔！

材料：

苦瓜豆豉雞：
- ◆ 苦瓜230克
- ◆ 雞翅270克
- ◆ 豆豉60克
- ◆ 紅辣椒3根
- ◆ 蒜頭3瓣
- ◆ 生抽醬油12克
- ◆ 糖5克
- ◆ 鹽適量

雞翅醃料：
- ◆ 細砂糖6克
- ◆ 黑胡椒1克
- ◆ 鹽2克
- ◆ 米酒3克

製作過程：

1 鍋中倒入適量油燒熱，下蒜末爆香，倒入醃好的雞翅翻炒。（圖1）

2 加入苦瓜一同翻炒，此時可加入適量水悶一下苦瓜和雞翅。

3 雞翅快熟時，加入豆豉。（圖2）

4 加入紅辣椒丁、生抽醬油、糖和適量鹽調味。

5 裝盤即可享用。（圖3）

準備：

1. 雞翅洗淨，從中剁一刀切成兩段，加入雞翅醃料抓勻入味。
2. 苦瓜洗淨，去籽切塊。
3. 紅辣椒切丁，蒜頭去皮切成蒜末。

凌介介說：

◆ 很多人怕吃苦瓜，總覺得這苦苦的蔬菜著實讓人不喜歡。不過，這樣一道苦瓜豆豉雞，將苦瓜與雞翅同煮，加入醬汁調味，在悶燉的過程中，苦瓜的苦味會削減不少，所以不喜歡苦瓜的人也可以嘗試。

圖1

圖2

圖3

沙茶醬炒高麗菜

　　高麗菜也叫甘藍菜、圓白菜或包心菜。有外國研究者說過，高麗菜是治百病的蔬菜，可見其在西方受歡迎的程度。高麗菜如何料理最好吃？每個人都有自己的感受。在我看來，單純用沙茶醬來炒高麗菜就相當美味了，光這一道菜就能讓人吃掉整碗白飯！

史上最下飯的高麗菜！

材料：

◆ 高麗菜350克　　◆ 沙茶醬100克　　◆ 鹽適量

準備：

1. 將高麗菜洗淨，並把高麗菜一葉一葉撕成小塊，再重新過水清洗兩遍，瀝乾水備用。
2. 依個人口味，取出適量沙茶醬備用。

製作過程：

❶ 鍋內倒入適量油，加入沙茶醬翻炒出香味。

❷ 倒入手撕高麗菜翻炒均勻。（圖1）

❸ 加入適量水，水量以淹沒過高麗菜的一半為標準，將其慢慢燉煮。（圖2）

❹ 等到高麗菜熟軟時，根據自己的口味加入適量鹽調味。

❺ 裝盤即可享用。（圖3）

圖1

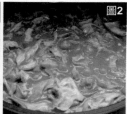圖2

圖3

麥小小說：

◆ 為什麼高麗菜要用手撕？原因有二：一是用手撕的口感吃起來比用刀切的脆。二是用手撕好的高麗菜再過水清洗幾遍，也能讓這種包著生長的蔬菜被清洗得更乾淨。

◆ 此菜色不用放太多油，因為沙茶醬在製作時已放入不少油，若再額外加油，會使這道菜的含油量過多。

紅麴腐乳醬豆腐

　　「南乳」是用紅麴來製作的豆腐乳，又叫紅腐乳，一般超市、大賣場或網購都買得到，經常被用來單吃配飯或用於燒肉。本篇中，紅腐乳被我拿來燒豆腐，味道非常好，豆腐塊帶著微微發酵的醇香，顏色紅豔，這時候來壺小酒也很愜意。

讓你意外的燒豆腐！

 材料：

◆ 紅辣椒1根　　◆ 青辣椒1根　　◆ 紅麴豆腐乳5塊
◆ 板豆腐300克　◆ 糖1湯匙

準備：

1. 板豆腐洗淨切厚片。
2. 青紅辣椒切段。
3. 豆腐乳用湯匙壓成腐乳泥備用。

製作過程：

❶ 鍋中倒入適量的油燒熱，放入切好的豆腐塊煎至兩面金黃。

❷ 加入壓好的腐乳泥，把兩者炒均勻，讓豆腐上沾滿腐乳。（圖1）

❸ 加適量的水入鍋，調整腐乳醬的濃度。（圖2）

❹ 加入事先切好的青紅辣椒段，翻勻，並加入約 4 克糖調味即可。（圖3）

圖1

圖2

圖3

凌介介說：

◆ 由於豆腐乳本就是發酵食物，因此其中的鹽含量較高，味道偏鹹，故此菜無須另外加鹽。若覺得太鹹，可以略加一小湯匙的糖調整口味。

鹹蛋黃辣炒饅頭丁

買回來後的饅頭若是涼了，一般都是重新蒸一蒸之後再吃。不過是否有人試過這樣的新吃法呢？把饅頭切丁加上配料炒一炒，就使饅頭多了一種更新鮮的味道。本篇的炒饅頭丁，配料用的是梅干菜筍絲、豆乾和鹹蛋黃，也可以隨自己喜好更換。

饅頭的另類吃法！

材料：

◆ 豆乾175克 ◆ 梅干菜＋筍絲1碗 ◆ 饅頭2個
◆ 鹹蛋黃4個 ◆ 辣椒油適量 ◆ 鹽適量

準備：

豆乾、饅頭、鹹蛋黃均切丁。

製作過程：

1 熱鍋放入油，倒入豆乾丁翻炒。
2 倒入梅干菜＋筍絲一同炒香。（圖1）
3 加入饅頭丁和鹹蛋黃丁翻炒。
4 加入適量辣椒油、鹽、雞精粉調味。（圖2）
5 裝盤即可享用。（圖3）

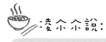

凌尒尒說：

◆ 這道菜純屬清理冰箱之作，像鹹蛋黃就是我烤月餅時剩下的。所以，有時候清理冰箱不失為創造新菜的一個好契機。

小鹹菜炒豆皮

　　小鹹菜炒豆皮，是一道超低成本的家常菜，材料裡面的小鹹菜指的是只醃製3天的嫩芥菜，較老鹹菜來說比較衛生，也比較乾淨，口味上不會太鹹，再配一些小蝦米和辣椒，就相當開胃。從成本計算來說，這樣一道小菜也非常經濟實惠。

自己料理鹹菜安心又實惠！

材料：

◆ 小鹹菜120克　　◆ 豆皮20克　　　◆ 小蝦米30克　　◆ 蒜頭3瓣
◆ 紅辣椒1根　　　◆ 糖4克　　　　　◆ 鹽適量

🕐 準備：

1. 若買回來的豆皮是乾貨，要提前2小時泡水，使用前再瀝乾使用。
2. 小蝦米提前泡水，把蝦米泡軟些，也同時去掉一些鹽分。
3. 小鹹菜過水洗淨，擰乾，切成細末，菜梗和菜葉要分開放。
4. 蒜頭切細末，紅辣椒切丁。

圖1

圖2

圖3

🥄 製作過程：

① 鍋中倒入適量油燒熱，並倒入蒜末爆香。
② 放入鹹菜梗炒香。（圖1）
③ 倒入切好的紅辣椒丁和豆皮一同翻炒。
④ 可以適當加入一些水悶煮，再倒入瀝乾水的小蝦米一同翻炒。（圖2）
⑤ 倒入小鹹菜葉一同翻炒，加入適量鹽和糖調味。（圖3）
⑥ 裝盤即可享用。

老小小說：

◆ 此菜中所用的醃鹹菜醃製時間不長，口感還略微脆爽，調味時加少量糖是提味的關鍵。

辣椒杏鮑菇香魷卷

不知從何時開始，口味清淡的我也開始接受了又麻又辣的菜色，重口味程度不輸任何嗜辣者。因為我本就愛吃、愛鑽研，除了餐廳的外食，在家中也愛研究各種口味與家常食材的搭配。本道辣椒杏鮑菇香魷卷便是我的創新菜餚，將辣辣的紅辣椒、香麻誘人的花椒，還有新鮮香甜的魷魚搭配，鮮甜中夾雜著麻和辣，連本來無味的杏鮑菇都味道十足，美味指數瞬間飆升。

加點川味的激情碰撞！

材料：

◆ 魷魚280克　　◆ 辣椒油30克　　◆ 杏鮑菇130克
◆ 紅辣椒1根　　◆ 花椒3克　　　◆ 鹽適量

製作過程：

❶ 鍋中倒入適量油燒熱，爆香花椒，並倒入杏鮑菇片炒香。

❷ 倒入魷魚翻炒，炒至魷魚捲起即可。（圖1）

❸ 倒入辣椒油和紅辣椒段一同翻炒均勻（圖2）

❹ 加入適量鹽調味。（圖3）

 ## 準備：

1. 魷魚洗淨，切十字花刀備用。
2. 紅辣椒切對半後去籽，切成細段備用。
3. 杏鮑菇洗淨切小片備用。

凌尒尒說：

◆ 魷魚不要炒太久，否則不僅不脆，還會使魷魚的口感變老。因此時間的控制很重要。

圖1

圖2

圖3

暖心小知識

透抽、小卷、魷魚、軟絲、烏賊⋯⋯
傻傻分不清！

透抽

　　透抽又稱中卷，有10隻腳（包括八隻腕足及兩隻觸腕），與小卷一樣，屬「鎖管科」，產季為每年的六月至九月之間，與小卷主要是因為體型大小的差異而有不同的名稱，體型較大，長度超過15公分以上的即稱為「透抽」。「透抽」身體較為修長，外型呈圓筒狀，尾端收尖，身體下半部有一對長度逾身體一半的長菱形鰭，口感軟嫩。透抽吃東西採吞食的方式，故體內常有的完整獵物，選購時若發現身體鼓鼓的，可檢查是否有未消化的小魚，平白添增了透抽的重量，那可就虧大了。

小卷

　　俗稱小管，與透抽是一家親，同屬「鎖管科」，只是小卷是幼體，體型嬌小，身長通常在15公分以內，外型呈現瘦瘦長長的圓錐形，尾端的菱形鰭比較短，通常不會超過身長的一半。小卷的口感厚實，產季為每年的六月至九月之間，在水中時顏色近乎透明，一旦離了水，就會變成淡淡的粉色。新鮮小卷的肉質摸起來Q彈，且表面會有粉色薄膜，若買回家後沒有馬上要食用，可以先去除內臟，並以熱水川燙，以免變質。

魷魚

　　魷魚一年四季都有，多產自遠洋。魷魚的身體細長呈圓筒型，軀幹上半部較寬，尾端的鰭呈三角形，鰭較為短小，不超過身體的一半，有十隻腕足，與花枝、軟絲、透抽、小管等相比，體型較大。市面販售的除了新鮮魷魚之外，亦常看到乾魷魚，味道及口感各具風味。一般而言，魷魚吃起來口感稍硬，帶有脆度，料理相當多元，客家小炒、魷魚羹都是常見的美食。

軟絲

　　軟絲一樣是10隻腳，不過身材不似透抽細長，軀幹有點像寬胖的橢圓形，身體兩側有寬大的肉鰭，從頭到尾都有幾乎包覆全身，體內帶寬大透明的角質內殼。軟絲的產季在每年的四月到九月之間，生長在中高水溫的海域，在沿海可以見其蹤跡。一般市售的軟絲都是呈現白色，肉身透亮，口感厚實偏脆彈牙，味道鮮甜，選購時記得觀察眼部，選擇眼睛明亮不混濁的，且外皮帶亮澤感，掌握此原則所買的軟絲會比較新鮮。

烏賊

　　又稱墨魚、花枝，產季為每年的六月至九月之間，烏賊的軀幹圓胖，下半部則變成尖尖的，肉鰭與身體等長，不過面積較窄，體內有一船形白色的石灰質骨板。烏賊與軟絲長相非常相似，但是烏賊全身佈滿特殊的花紋，體型也較軟絲大，故兩者其實不容易混淆。有趣的是，烏賊的身體會隨環境變色，危急時會噴墨藉機逃生，而大家常吃到的義大利麵－墨魚麵，就多半是使用烏賊來料理，麵中黑黑的墨汁就是來自烏賊墨囊。

香辣雜蔬炒豆乾

　　小小的一塊豆乾，樸實無華，猶如白紙一張的它，最適合任憑自己的喜好來烹調，或甜、或鹹、或辣、或酸，抑或臭。我最喜歡豆乾的包容性，簡單隨意的料理都會很美味。小聚時，偶爾也會想上些小菜。用辣椒醬來烹調豆乾，再加入毛豆、香菇、紅蘿蔔等雜蔬做的下酒菜，將所有的食材都切成丁狀，製作起來就快速又方便，香香辣辣的滋味，閨蜜們都很喜歡。

小菜也有新王道！

材料：

- 豆乾2塊
- 毛豆35克
- 香菇100克
- 紅蘿蔔40克
- 辣椒醬15克
- 鹽適量

準備：

1. 毛豆洗淨。
2. 香菇洗淨切丁，用水燙過，瀝乾備用。
3. 紅蘿蔔去皮，洗淨切丁。
4. 豆乾洗淨切丁。

圖1

圖2

製作過程：

1. 鍋中倒入適量油燒熱，把切好的豆乾放入鍋中煎至兩面金黃。
2. 把紅蘿蔔丁放入鍋中，利用鍋中剩下的油將紅蘿蔔丁翻炒均勻。
3. 倒入香菇丁和毛豆翻炒，可以適當加水悶煮一會兒。（圖1）
4. 等水快乾時，加入豆乾丁翻炒均勻，再加入辣椒醬。（圖2）
5. 加入適量鹽調味後即可裝盤。（圖3）

圖3

凌小小說：

◆新鮮香菇先用水煮過，能洗去髒物，水面上浮著的可見泡沫都是，所以過熱水的步驟必不可少。

豆豉辣椒炒雞丁

　　我並不是一開始就是個會做菜的人，只是憑著興趣摸索著做，從一開始的戰戰兢兢，到現在喜歡混搭創造新風味，這就是一種成長的過程。除了做菜，認識五花八門的調味料也是種挑戰；辣椒、八角、肉桂、月桂葉、豆豉、豆瓣醬等等，它們是香還是辣，是酸還是甜，材料上該如何搭配，餐桌上該如何協調，全在於自己對食材的瞭解夠不夠。製作這道豆豉辣椒炒雞丁時，其實本來只是想用芋頭蒸雞腿，製作前突然改變主意，用豆豉辣椒來炒製，單是一秒鐘的考慮就立即做出變化，只因為我看到了桌上的辣椒醬，直覺就告訴我：這樣搭配會很美味。

心血來潮的食材搭配！

材料：

◆ 雞腿肉200克 　◆ 芋頭180克 　◆ 豆豉辣椒醬40克 　◆ 叉燒醬20克
◆ 大蒜2根

準備：

1. 雞腿洗淨去骨，切成小塊備用。
2. 芋頭去皮後，洗淨切成塊備用。
3. 大蒜洗淨切段備用。

圖1

製作過程：

❶ 取一個小深鍋，倒入多一點油，燒熱後倒入芋頭塊炸至金黃色後將油瀝乾。（圖1）

❷ 另取一炒鍋，倒入適量油燒熱，把蒜白段倒入，炒香後撈出，留下蒜油。

❸ 倒入雞肉塊，翻炒至熟。

❹ 倒入炸好的芋頭塊，一同翻炒均勻。（圖2）

❺ 倒入豆豉辣椒醬和叉燒醬，將食材翻炒均勻。

❻ 最後倒入蒜青段和適量鹽炒勻即可。（圖3）

圖2

圖3

凌尒尒說：

◆ 雞肉塊不必炒太久，因為切小塊的雞肉其實熟的速度很快。

◆ 芋頭一定要先炸過再炒，因為雞肉熟得很快，如果芋頭事先沒炸過就與雞肉同炒，會導致不是雞肉太熟就是芋頭太生。

暖心小知識

如何選擇合適的**食用油**？

　　現代人注重養生，飲食力求清淡，講究少油、少鹽，但若要維持正常的身體機能，油脂不能完全不碰，只要適時、適量，油脂能夠對人體起到很好的保護作用，因此選擇好的食用油對我們的健康十分重要。而且不同的料理方式、不同的料理溫度，適合使用的食用油也不同，因為每一種油的耐熱溫度不同，一旦過熱，油品就會冒煙變質，甚至產生對人體有害的毒素，因此，挑選食用油真的是一門很大的學問！另外也要再次提醒大家，不要一種油用到底，當心悄悄吃掉自己的健康。

料理方式與食用油的搭配

料理方式	食用油建議	油品特性
水煮、煎、爆香	芥花油、精製橄欖油、玄米油、葵花油、苦茶油、葡萄籽油	此類油脂雖然一樣由植物萃取，但是提煉的過程中，通常會加入穩定性較高的油品做成調和油，或是植物油再精製後強化穩定性，是以冒煙點較高，故可以高溫烹調，但烹煮時間仍不宜過長。例如爆香、煎煮這種短時間內可以完成的項目才適合使用。
涼拌、燉、炒	大豆沙拉油、花生油、葵花油、純芝麻油、初榨橄欖油、苦茶油	純植物性萃取的食用油，因不含膽固醇對人體健康不會造成負擔，故一般家庭經常使用，涼拌、燉煮、炒菜都非常適合。值得注意的是，純植物油通常富含不飽和脂肪酸，化學性質穩定性最低，冒煙點低，不適合高溫烹煮，若想要油炸食物應盡量避免此類油品。
油炸	芥花油、棕櫚油、牛油	油炸的食物有不少人喜愛，但是「油」的選用須慎重，因為油炸的時候需要將油品加熱至高溫，所以料理時須選擇冒煙點高、穩定度高的食用油，不然油品容易變質，產生對人體不好的毒素，當然，若是可以，油炸的食物應盡量避免食用，畢竟高脂肪、高熱量都對我們的健康有害無益。補充一點，椰子油雖然冒煙點低，但是其富含飽和脂肪酸，所以也可以用來油炸食材。

選「好」油的原則

1. 油品顏色＆透明度：油質澄清、無異味、無嚴重油耗味，底部無沉澱的雜質或泡沫。

2. 包裝完整性＆瓶子顏色：注意外殼包裝無破損或撞擊，建議選擇容量小且瓶身深色不透光的；如若容器是透明的，也並非不能買，只是要多注意一件事，就是製造日期與購買日期間隔不宜過長，以不超過3個月為佳，因為透明瓶身若直接暴露在陽光下，容易引起氧化變質，甚至可能產生對人體不良的毒素。

3. 依習慣的烹飪方式，選擇2～3種耐高溫程度不同的油品：煎煮炒炸所需的爐火溫度皆不同，食用油的耐熱溫度亦有所差異，譬如橄欖油適合低溫、涼拌料理；或是芥花油冒煙點高、穩定性高適合油炸料理，因為很少有家庭只維持單一烹調方式，所以才一直提醒大家不要一種油用到底，貪圖簡單方便的同時，可能悄悄的吃掉了自身的健康。近年很流行氣炸鍋這種無油料理方式，若真想吃炸物，也許氣炸鍋是一個不錯的選擇。

4. 勿購買分裝販售或是瓶身沒有清楚標示的油品：購買油品時最好選擇具一定知名度的品牌，且成分標示清楚的為佳，若貪小便宜購買來路不名的分裝油，或無意間吃到成份不純正的油品或假油，對身體造成損害，那可就得不償失。

食用油的正確保存

　　想要吃到健康的食用油，除了一開始的品質把關，油品的保存也是一大學問，若保存不當，不僅影響食物美味，甚至可能產生致癌物，對我們的健康造成危害。

建議大家保存油品時注意下列幾點：

1. 置於陰涼處，避免高溫爐火或是太陽照射，若能以冰箱冷藏保存最佳。

2. 過度接觸空氣也易使油品氧化變質，若購買油品為大容量，建議自己以深色小瓶分裝，且使用後記得檢查瓶蓋是否有確實緊蓋。

3. 避免置於水槽附近，水氣會加速油品氧化變質。

4. 新舊油切勿混合裝入相同容器，亦易引起變質；且就算有依照上述建議保存油品，仍應於開封後3－6個月之內食用完畢，畢竟，正確的保存方式只能延緩油品氧化變質的速度，並非一勞永逸。

好饗受 017

家的幸福味道

60道不麻煩、健康又省錢的家常菜好滋味，
即使一個人也能在家好好吃頓飯

速、易、省，5-8步驟簡單上手，隨時滿足你念想的家常味！

作　　　者	凌尒尒
顧　　　問	曾文旭
總　編　輯	黃若璇
編輯統籌	陳逸祺
編輯總監	耿文國
主　　　編	陳蕙芳
執行編輯	賴怡頻
特約美編	海獅子
封面設計	吳若瑄
圖片來源	圖庫網站 Shutterstock
法律顧問	北辰著作權事務所

印　　　製	世和印製企業有限公司
初　　　版	2020年01月
	本書為《回家開飯很簡單（家常菜篇）：60道省錢×健康×一次就會的家常料理，即使一個人也能在家好好吃飯》之修訂版
出　　　版	凱信企業集團-開企有限公司
電　　　話	（02）2773-6566
傳　　　真	（02）2778-1033
地　　　址	106 台北市大安區忠孝東路四段218之4號12樓
信　　　箱	kaihsinbooks@gmail.com

定　　　價	新台幣350元
產品內容	1書

總　經　銷	采舍國際有限公司
地　　　址	235新北市中和區中山路二段366巷10號3樓
電　　　話	（02）8245-8786
傳　　　真	（02）8245-8718

國家圖書館出版品預行編目資料

家的幸福味道：60道不麻煩、健康又省錢的家常
菜好滋味，即使一個人也能在家好好吃飯 / 凌尒
尒著. -- 初版. -- 臺北市: 開企, 2020.01
　　面；　公分
ISBN 978-986-98556-1-7(平裝)

1.食譜

427.1　　　　　　　　　　　　　　108020668

一點心意、一點新意，
讓生活從此不再平凡！

一點心意、一點新意，
讓生活從此不再平凡！